近世日本の農耕景観

有薗正一郎

あるむ

はしがき

　私は地理学徒の一人です。地理学は、何かをモノサシ（指標）に使って、「地域」すなわち一定面積の領域が持つ性格（地域性）を明らかにする科学です。私は、近世に著作された「農書」と称される営農指導書類の中から、地域の性格に順応する営農技術を記述する農書を選んで読み、農耕景観を描く作業を40年余りおこなってきました。

　この本では、農耕景観を構成する諸要素の中から、農家屋敷・水田・畑・商品作物・農具・肥料・里山の7つを拾い、次の8つの項目を設定して、近世日本の農耕景観の一端を描いてみます。

　⑴ 農家屋敷内の各施設の望ましい配置

　⑵ 水田では冬期は湛水して、ほぼイネの一毛作をおこなっていた

　⑶ 水稲の耕作暦は気候条件と土地条件の枠内で設定されていた

　⑷ 畑では多毛作をおこなっていた

　⑸ 商品作物は農家の所得増加か、支配者が財政再建のために農家に強制栽培させていたかのいずれかであった

　⑹ 地域性を説明できる農具があった

　⑺ 人糞尿は肥料の素材になる商品だった

　⑻ 里山は柴草に覆われた場所だった

　使う資料は、⑴と⑵と⑶と⑹が農書類、⑷と⑸と⑺が寺院の日記、⑻が1884（明治17）年作成の地籍図と土地の古老からの聞きとり記録です。

　この本で記述する近世日本の農耕景観は、読者諸兄が高等学校

までに使われた日本史教科書の記述内容にもとづいてイメージされる景観とは異なる部分が多いと思います。日本史教科書が描く景観の大半は、支配者側が「こうあってほしい」「こうあるべきである」と願った姿であって、実像ではない場合が多いからです。したがって、私はこの本に描く農耕景観のほうが実像に近いと解釈しています。

　私は、近世日本に展開していた農耕景観の実像の一端を披露するために、この本を編纂しました。この本が読者諸兄の研究の進展に役立てばさいわいです。

2018年　清明

◆目　　次◆

はしがき

第1章　農家屋敷の景観 ………………………………………… 1

第1節　この章で記述すること　1

第2節　近世農書が記述する農家屋敷内の各施設と
　　　　耕地配置の理想像　1

第3節　農家屋敷内の各施設配置の一端を記述する農書　7

第4節　まとめ　8

第2章　水田では冬期湛水してイネの一毛作を
おこなっていた …………………………………………11

第1節　作業仮説の設定　11

第2節　水田でのイネ一毛作と冬期湛水を奨励する農書　15

第3節　水田二毛作について記述する農書　25

第4節　考察　30

第5節　おわりに　34

第3章　近世の水稲耕作暦にみる自然と人間との関わり ………41

第1節　この章で記述すること　41

第2節　近世農書類が記述する水稲の耕作暦　42

第3節　考察　45

第4節　近世農書類に学ぶ自然と人間との関わり　46

第4章　畑では多毛作をおこなっていた
　　　　―三河国渥美郡羽田村浄慈院自作畑の耕作景観―……49

　　第1節　『浄慈院日別雑記』について　49

　　第2節　浄慈院自作畑の耕作景観　51

　　第3節　おわりに　57

第5章　両極端に分かれる商品作物の位置付け ………………59

　　第1節　両極端に分かれる商品作物の栽培と収支　59

　　第2節　農家の意図で栽培作物を選んで収入の全てを
　　　　　　農家が得ていた事例　59

　　第3節　支配者が農家に栽培を強制して収入を収奪した
　　　　　　事例　60

　　第4節　近世の商品作物は特異な性格を持っていた　62

第6章　地域性を説明する農具…………………………………63

　　第1節　近世日本では手農具で農耕をおこなっていた　63

　　第2節　岐阜県東部で使われていた人力犂　63

　　第3節　木曽三川河口部で高畦作りに使った農具　68

第7章　人糞尿は肥料の素材になる商品だった …………………77

　　第1節　人糞尿は近世日本の農耕技術の重要な要素の
　　　　　　ひとつだった　77

　　第2節　人糞尿の汲みとり先と下肥を施用した農作物　79

　　第3節　人糞尿から地域性を拾うのは難しい　82

第8章　里山は柴草に覆われた場所だった …………………………83

　　第1節　里山の景観　83

　　第2節　奥三河における里山の景観モデル　86

　　第3節　村の資源循環からみた里山の位置付け　87

あとがき　91

さくいん　95

第1章　農家屋敷の景観

第1節　この章で記述すること

　この章では、拙著『農耕技術の歴史地理』[1]の第1章第5節「農家屋敷内の各施設の配置」（註(1)9-11頁）で記述した、言及する地域へ農耕技術を普及させるために著述された3種類の農書のほか、3種類の農書を新たに加えて、近世農村の農家屋敷内の各施設と耕地配置の理想像を描く作業をおこなう。

第2節　近世農書が記述する農家屋敷内の各施設と耕地配置の理想像

　四国地方伊予国の『清良記』（1629-54年）[2]は、理想的な農家屋敷内の各施設と耕地の配置について、次のように記述している。

> 　　上農は　居所を専にする事　武家に究竟の城郭を構へらるゝ如く　上分の居所は　後に山を負ふて　前に田をふまへ　左りに流を用ひて　右に畑を押へ　親譲りの地方を屋敷廻りに扣て居らされは　耕作心の儘には成不申候（註(2)10頁）
> 　　百性の門へ指入て見るに　牛馬の家　雪隠を奇麗にし　糞沢山に持　菜薗すつきりと見事に作り　青々茸々なれは　外の田畑も見事に　公役　貢も未進をせす　上の百姓也と知るへし（同　101頁）

　中部地方三河国の『百姓伝記』（1681-83年）[3]は、農家が屋敷にする場所と、屋敷内の各施設の配置を、次のように記述してい

る。

　　屋敷かまへハ　東南地さかりにして　北西地高く日当り能事
を専一とすへし　百姓の家にハ　四季ともに干もの多し　東
南のつまりたる屋敷ハ　万干物をするに自由ならず　樹木等
薮をもたかくすへからす　北西ハ樹木しげり　薮高くあつき
に徳あり（註(3)16巻121頁）

　　家を作事するに　我々か屋敷の中央につくるへし　四方に明
地をして　秋ハ五穀雑穀をからながら取込ミ　ほしかへしを
するに　自然と徳多し　屋敷せまくハ　北か西へよせ屋作り
をして　東南に明地を多くすへし（同　121-122頁）

　　屋敷の惣かまへ薮にして　内の方に下水はきの溝をほりて
竹の根　屋敷へさゝぬやうにせよ　家を作る処　地形を高く
して　しつけのさゝぬやうにすへし（同　122頁）

　　土民の家ハ　かやふきにして徳有　板屋ハ損多し　板敷も悪
し　すかきよし　天井も竹にて　すかきのことくつよくして
雑物をあくるやうにしたるかよし　大和天井とも　づしとも
云也（同　122頁）

　農家の屋敷は自給肥料を作り、溜めておく場でもあった。『百
姓伝記』は、上記のことを前提に置いて、自給肥料を作る場の位
置の設定と、肥料を作る要領を、次のように記述している。

　　土民　馬屋を間ひろく作り　しつけすくなき処をハ　ふか
くほりて　わら草を多く入て　ふますへし（中略）百姓
ハ　第一こやしを大切にするものなる故　馬屋に念を入へし
（註(3)16巻123頁）

土民の雪隠を　人々の分限に随て　大きにつくるへし　不浄
処せはきハ　必こやしを手置するによからす　本屋より遠く
つくりてハ　損多し　また日影木下なとをいむへし　本屋よ
り南東へよせ　構てよし　本屋より西ハ　必ひたり勝手なり
まつ冬さむく　日当りかねてあしきなり　冷しき処ハ　こや
しくさりかね　費多き事あり（同 123-124頁）

屋敷の東南の辺にほりをかまへ　屋敷中の惣悪水を落こませ
ちりあくたをも　常にはき込　くさらかして　作毛のこやし
に用ゆへし　ひろきハよし　ふかきハよからす　分限による
へし（同 124頁）

屋敷まハりの藪敷ハ　外のかた高く　内のかた地ひきく成様
にせよ（同 124頁）

屋敷まハり　植込をするにハ　西北にあたりてハ　冬木（常
緑樹のこと）のるいくるしからす　風をふせくたよりとなる
冬あたたかなり　東南にハ冬木のるい植へからす　日かけ多
くなる（同 125頁）

土民の井のもとハ　日よくあたる処にほるへし　四季共に
井のもとにて雑事を洗　身を洗事多し（同 125頁）

土民の釜屋　本屋にならへ作　土座なるへし（同 126頁）

土民の屋敷にハ　種井と云て　堀をつねにほり置へし（中
略）種かしをするに用る也（同 127頁）

土民の屋敷　つまりつまりにちいさき桶かめをふせ置て　女
わらべに大小便をさすへし（同 230頁）

土民の家ハ大かた土座なるへし（中略）五穀のから其外を敷
て　しつけをしのき　其くさるにしたかひて　田畠のこやし
とする徳あり（同 236頁）

第1章　農家屋敷の景観　3

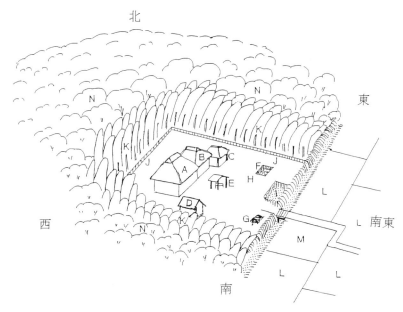

図1　『百姓伝記』の著者がイメージする農家屋敷の鳥瞰図

A	母屋	B	作業小屋	C	馬小屋	D	便所	E	井戸
F	ごみ溜め	G	小便壺	H	作業庭	I	種籾漬け池	J	溝
K	竹林	L	田畑	M	苗代田	N	後背林		

　図1は、『百姓伝記』の記述にもとづいて筆者が描いた、農家屋敷内の各施設と耕地の望ましい配置図である。九州の南西諸島から本州の愛知県に至る太平洋岸には、釜屋（かまや）と呼ばれる作業用の建物が、1辺を母屋と接して建てられていた。この様式を「二棟造り」または「釜屋建て」と称する（写真1）。上記の引用文中にも「土民の釜屋　本屋にならへ作」との記述がある。したがって、筆者が描いた図は、九州の南西諸島から本州の愛知県に至る太平洋岸で見られた、農家の屋敷と耕地の姿とほぼ同じである。

　東北地方岩代国の『会津農書』（1684年）[4]は、農家屋敷内の各施設の配置を、次のように記述している。

写真1 「釜屋建て」家屋（左が母屋、右が釜屋）
2014年6月8日　愛知県新城市桜淵公園で筆者撮影

　農人の屋敷構ハ　南を受て　家を北の方ニ　道の有方へ寄て前と奥に畾地を置て造るへし（中略）家の後にハ樹木を植へし　前を明かにして畾地を置ハ　前栽に色々の菜園を作り又庭ニテ万干物するによし（註(4) 190頁）
　農人の家ハ　干物の勝手に日月受て　南向に作るへし（同 192頁）
　馬屋ハ内厩に居なから見る様にしてよく　外厩ハ寒くして馬瘠る（同　195頁）
　厠の内に養道具　馬道具抔入置為に広く作るへし　屎坪ハ桶か槽を沈めてよし（同　195頁）
　小便所ハ出入の口々ニ壺か槽を沈置　足洗水共に槽の内へこぼし　雨中に汲取て　作毛へかけへし（同　196頁）

第1章　農家屋敷の景観　5

稲　薪　其外品々の似宇積所ハ　家の際　土蔵の廻り　雪隠
の根　隣家の近辺ヲ引離し　遠裏に積へし　家ニ近き処ハ
火事恐れあり（同　197頁）

　上記の中で、『会津農書』が東北日本で著作されたことを示す
記述は、「馬屋ハ内厩に居なから見る様にしてよく　外厩ハ寒く
して　馬瘠る」である。この文章から、冬期に母屋の暖気を同一
家屋内の厩に送り込む工夫がなされていたことが読みとれる。
　『農業全書』（1697年）[5]は、「巻之一　農事総論」の「第十　山
林之総論」に、屋敷の北西側に樹木を植えて寒風を防げば、屋敷
内に暖気が溜まって、菜園畑の作物の育ちがよくなるなどの効果
があると記述する。これは『百姓伝記』と共通する林の配置であ
る。

田家　或　田畠の畔に木をうへ　常に屋しき廻りにうゆるにも
西北の風寒を防ぎ　東南の暖かなる和気を蓄へ　陽気の
内に満る心得して　栽ぬれば　其内に作る物の盛長も早く
よくさかへ　土地も漸肥て　磽土も変じて　後ハ良田と
なるべし（註(5)12巻121頁）
惣じて　田舎屋しきの廻りに　木をうゆるに　多くの徳あ
り　風寒をふせぐのみならず　盗賊の防ぎとなり　或隣家
の火災の隔ともなり　枝葉ハ薪の絶間を助け　しん木ハ間
をぬき伐て　材木とし　落葉ハ殊に田畠の糞によき物なり
菓樹を西北の方に植　竹を東北の隅にうへて　根を西南の方
にひかするハ　つねの事也（同　121-122頁）
家宅を始て造り営む時に　杉檜などの良木をうへをきて
後年破損のためにそなへをくべし（同　122頁）

しかし、『農業全書』には屋敷内各施設の配置に関する記述は
ない。記載内容のモデルにした『農政全書』に、該当する記載項
目がないからであろうか。

第3節　農家屋敷内の各施設配置の一端を記述する農書

　筆者が知る限り、『農業全書』以降、一定の行数を費やして屋
敷構えの一端を記述する農書は、次の三例だけである。

　北陸地方加賀国の『耕稼春秋』(1707年)[6]は、屋敷の北西側に
竹を植えれば、風を弱めることによる気温調節ができると記述し
ている。

> 百姓大小共に屋敷に竹を持ざるハ　万事に用る事の欠る物な
> れハ　少つゝ成共竹を植へき也　但屋敷の西北の方然るへし
> 東南を開きて西北を閉れハ　夏涼しくして冬暖か成　地面に
> 能故に草木も能実る也（註(6) 234頁）

　近畿地方近江国の『農稼業事』(1793–1818年)[7]は、食べられ
る果実が着く樹木を田畑の陰にならない程度に植栽することを奨
励している。

> 屋鋪廻りには　栗　棗　柿などの菓樹　凡此類の物をいろ
> いろ植置べし　実なりてハ　過分の利を得るものなり　殊に
> 其土地に応ずる物を　多く植置バ　凶年の飢を救ふ備とも
> なるべし　去ながら田畑の陰となるべき所は　是を慎べ
> し　猶又　屋敷境　林　堤　持山にても　田畑の陰とな
> る木ハ伐べし　殊更他人の地陰となる木ハいよいよ伐べし
> （註(7) 68–69頁）

甲斐国山梨郡の武士が著作した『勧農和訓抄』（1842年）[8] は、農家屋敷内の日当たりのよい所に肥料小屋を置き、居宅は営農に便利な場所に作れと記述している。

　　農家の普請ハ　第一日請能き所へ糞屋を広くつくりて　それより農業の勝手よきように　居宅をつくるべし（註(8)265頁）

第4節　まとめ

　この章の第2節でとりあげた『清良記』と『百姓伝記』と『会津農書』は、それらが記述する地域への技術普及を目的にする農書であり、記述する農家屋敷内の各施設と耕地配置の理想像は共通しており、いずれも、著者自身の営農経験にもとづいて、温帯夏雨気候下で各生産施設を屋敷内の適切な場所に置き、耕地も適切な場所に配置して、諸作業をおこなう時間を有効に使うことを目指して工夫した結果を記述している。

　屋敷地は南または南東向きの場所に設定し、北と北西側は林にして防風と堆肥素材の供給地の役割を持たせ、屋敷地内の各施設は自給肥料作りに都合がよい場所に配置している。農作業をおこなう耕地は、日当たりがよく、かつ農作業の時間が最大限にとれるように、屋敷地近辺に配置することを奨励している。これがこの章の結論である。

　これら3農書が記述する、理想的な農家屋敷内の各施設と耕地の配置に関する諸事象は、北半球中緯度の夏雨気候区に属する日本列島では、あたりまえのことばかりである。我々の祖先は、遅くとも近世以降、各地域の性格を踏まえた上で、合理的な農作業をおこなうために、農家屋敷内に各施設を設置し、耕地を配置し

ていたのである。

　これら 3 農書は、いずれも17世紀に著述されている。筆者が検索した範囲内で、その後に農家屋敷内の各施設と耕地の配置に関する諸事象全般を、一定の行数を使って記述した農書は、『耕稼春秋』と『農稼業事』と『勧農和訓抄』だけである。

　18世紀以降に著作された農書は、農家屋敷内の各施設と耕地の配置の問題はすでに解決済みであることを前提にして、紀元前 1 世紀の『氾勝之書』から17世紀の『農政全書』に至る、各農作物ごとに耕作技術を記述する中国農書の書式を踏襲する『農業全書』の記載方式か、行うべき農作業を月ごとに記述する歳時記方式を選んだからであろうと、筆者は解釈している。この解釈の是非を検討する作業は、今後の課題にしたい。

〈註〉
(1) 有薗正一郎（2007）『農耕技術の歴史地理』古今書院、208頁。
(2) 土居水也（1629–54）『清良記』（松浦郁郎・徳永光俊翻刻、1980、『日本農書全集』10、農山漁村文化協会、3–204頁）。
(3) 著者未詳（1681–83）『百姓伝記』（岡光夫翻刻、1979、『日本農書全集』16、農山漁村文化協会、3–335頁、同17、3–336頁）。
(4) 佐瀬与次右衛門（1684）『会津農書』（庄司吉之助翻刻、1982、『日本農書全集』19、農山漁村文化協会、3–218頁）。
(5) 宮崎安貞（1697）『農業全書』（山田龍雄ほか翻刻、1978、『日本農書全集』12、農山漁村文化協会、3–392頁、同13、3–379頁）。
(6) 土屋又三郎（1707）『耕稼春秋』（堀尾尚志翻刻、1980、『日本農書全集』4、農山漁村文化協会、3–318頁）。
(7) 児島如水・児島徳重（1793–1818）『農稼業事』（田中耕司翻刻、1979、『日本農書全集』7、農山漁村文化協会、3–123頁）。
(8) 加藤尚秀（1842）『勧農和訓抄』（西村卓翻刻、1998、『日本農書全集』62、農山漁村文化協会、231–289頁）。

第2章　水田では冬期湛水してイネの一毛作を おこなっていた

第1節　作業仮説の設定

　水田二毛作は、水田における生産力発展段階説の指標のひとつに使われてきた。例えば、ある高校「日本史」の教科書[1]は、「（鎌倉時代の）蒙古襲来の前後から、農業の発展もみられた。畿内や西日本一帯では麦を裏作とする二毛作が普及していった。」（註(1)101頁）、「（室町時代後期の）農業の特色は、（中略）土地の生産性を向上させる集約化・多角化が進められたことにあった。（中略）畿内では二毛作に加え、三毛作もおこなわれた。」（同 125頁）と記述している。

　前者は『中世法制史料集』[2]に収録されている1264（文永1）年4月26日の日付がある水田裏作麦への課税を禁ずる関東御教書「諸国の百姓たちは稲刈後に麦を蒔いて、それを田麦と呼んでいる。領主たちは田麦に年貢を課しているようである。この課税は不当なので、田麦に課税してはいけない。田で収穫した麦はすべて農民の所得にせよ。」（註(2)221頁を筆者が現代語訳した）などの史料を根拠にし、後者は朝鮮からの使節を務めた宋希璟[3]が1420（応永27）年に詠じた詩に、摂津国尼崎で「日本の農家は秋に水田を耕して大小麦を種き　明年初夏に大小麦を刈りて苗種を種き　秋初に稲を刈りて木麦を種き　冬初に木麦を刈りて大小麦を種く　一水田に一年三たび種く」（註(3)144頁）と記述していることを根拠にしたものと思われる。他の高校「日本史」教科書も、ほぼ同じ文言を記述しているので、多くの日本人は、西日本では中世後半には水田二毛作が広くおこなわれていたと思っているようである。

しかし、実際には近世に入っても水田二毛作はほとんど普及していなかった。その根拠のひとつは、近世の営農技術書である農書の多くが、水田では夏期にイネだけを作付する一毛作をおこない、冬期は水田の排水口を塞いで湛水しておくことを奨励しているからである。

　農耕技術に関わる研究をおこなう人々は、近世農書類が記述する水田農耕技術を、近代以降の水田二毛作の広範な普及に至る、ひとつ前の段階であると位置付けてきた。

　その例として、嵐嘉一[4]は「用水にさえ恵まれれば乾田化の可能な水田は著しく多かったのではなかろうか。（中略）低湿田と用水不備は稲作の集約化技術導入を阻止したという点できわめて重大な問題を孕んでいると思われる。」（註(4)22頁）と記述している。嵐の解釈は、一定量の用水を確保できれば、湿田を乾田にして二毛作をおこなうことを農法の発展と位置付ける、農耕技術に関わる研究者の解釈の一例である。

　また、長憲次[5]は近世には水稲一毛作の段階にとどまっていた規定要因を5つあげ、なかでも自給肥料に依存せざるをえなかった段階のもとでの肥料の制約が重要な規定要因であったと記述している（註(5)88-89頁）。長によれば、水田二毛作の前提である水田の乾田化をおこなえば、消耗する地力を回復させるために大量の肥料を投下する必要があり、また耕起・砕土・除草などの作業に多くの労力がかかるが、近世にそれらを克服する技術が普及しなかった場所では、イネの一毛作段階にとどまっていたというのである。

　水田におけるイネ一毛作に対する長の解釈は、農耕技術に関わる人々の従来の見解を代表している。また、この見解は、水田が乾田化されて施肥量の制約が緩むなどの条件が揃えば、水田二毛

作は近世に普及したであろうとの推測に立っている。

　しかし、『農商務統計表』の「田地作付区別」によれば、1884
（明治17）年における全国総計の一毛作田率は75％[6]で（表1）、
近世末には総水田面積の少なくとも4分の3はイネ一毛作をおこ
なう場であったと考えられる。また、20世紀前半における全国総
計の一毛作田率は57〜65％で（表1）、都道府県レベルでは1950
年の値が20世紀前半のおよその状況を表している（表2）。1950
年前後は耕地利用率がもっとも高い時期であったが[7]、それでも
一毛作田はこれだけの割合を占めていた。

　ただし、近世農書の著者たちは、冬は水田を遊ばせておくこと
を奨励したわけではない。筆者は、近世農書の著者たちは、灌漑
排水技術の未発展や施肥量の制約などの枠内で、ひたすら生産力
を向上させる視点からではなく、今の日本人が使う言葉で表現す
れば、環境に順応しつつ一定量の米を生産する視点から、水田の
冬期湛水を奨励し、多くの農民はその意を汲みとって水田でイネ

表1　日本における近代以降の一毛作田率の推移

年	田の面積 （町歩）	一毛作田の面積 （町歩）	一毛作田率 （％）
1884（明治17）	2,726,716	2,046,573	75
1903（明治36）	2,815,695	1,816,676	65
1910（明治43）	2,889,596	1,756,090	61
1920（大正9）	3,013,570	1,795,772	60
1930（昭和5）	3,165,848	1,971,651	62
1940（昭和15）	3,155,088	1,802,200	57
1950（昭和25）	2,875,925	1,874,041	65
1960（昭和35）	2,964,502	2,040,129	69
1970（昭和45）	3,045,727	2,692,923	88

　1884年は農商務省（1886）『農商務統計表』6頁の「第一田地作付区別十七年調」か
ら作成した。
　1903年以降は農政調査委員会（1977）『日本農業基礎統計』56-57頁から作成した。

表2　1950年の都道府県別一毛作田率

都道府県名	田の面積 （反歩）	一毛作田の面積 （反歩）	一毛作田率 （％）
北海道	1,508,838	1,487,928	99
青　森	671,280	669,385	100
岩　手	620,521	606,039	98
宮　城	997,701	979,674	98
秋　田	1,043,687	1,035,331	99
山　形	958,132	942,291	98
福　島	974,160	878,014	90
茨　城	908,473	852,269	94
栃　木	738,575	467,294	63
群　馬	331,567	127,011	38
埼　玉	568,231	484,782	85
千　葉	976,592	942,542	97
東　京	72,492	59,736	82
神奈川	173,117	130,620	75
新　潟	1,740,616	1,694,780	97
富　山	732,670	292,938	40
石　川	501,284	361,195	72
福　井	462,224	401,355	87
山　梨	167,313	68,058	41
長　野	732,865	461,710	63
岐　阜	602,724	316,269	52
静　岡	542,545	345,120	64
愛　知	845,262	423,293	50
三　重	661,025	358,280	54
滋　賀	525,938	282,153	45
京　都	365,645	191,592	52
大　阪	334,734	109,987	33
兵　庫	910,870	320,727	35
奈　良	273,886	115,272	42
和歌山	276,663	106,346	38
鳥　取	313,958	141,716	45
島　根	499,390	355,652	71
岡　山	821,564	351,517	43
広　島	689,322	386,128	56
山　口	668,125	238,622	36
徳　島	272,052	106,135	39
香　川	367,994	34,836	9
愛　媛	401,803	139,193	35
高　知	314,994	147,588	47
福　岡	980,541	165,005	17
佐　賀	505,194	112,662	22
長　崎	297,587	172,938	58
熊　本	727,142	196,197	27
大　分	524,619	224,073	43
宮　崎	447,367	184,006	41
鹿児島	522,840	226,698	43
全国総計	28,674,222	18,695,387	65

　農林省統計調査部編『1960年世界農林業センサス市町村別統計書NO.1-46』（1961年，農林統計協会）から作成した。

一毛作をおこない、冬は水の出入口を管理して湛水に努めていたとの仮説を持っている。

すなわち、近世農書の著者たちは、それぞれの時期の農耕技術を生産力発展段階の中に位置付ける作業をおこなってきた近代以降の農耕技術の研究者たちとは異なる視点から、水田でのイネ一毛作と冬期湛水を奨励したとの仮説である。この仮説が実証できれば、環境に適応する発想に戻る農法を模索しつつある21世紀型農業の指針のひとつになるであろう。

この章では、当該地域へ普及可能な農耕技術を記述した、地域に根ざす農書の中から、筆者が設定した仮説に関わる記述を拾い、およそ時間の経過順に並べて抜き書きする方式で、仮説の妥当性の是非を検討する。

ここでとりあげる24種類の農書が著述された場所の位置を、図2に示した。およその位置と分布を参照されたい。

第2節　水田でのイネ一毛作と冬期湛水を奨励する農書

伊予国の『清良記』[8]（1629-54年）は、稲刈り後も田に水を溜めておくことを奨励している。

　　稲を刈ても　跡の水を留置事第一なれと　（註(8) 106頁）

三河国の『百姓伝記』[9]（1681-83年）は、田では裏作をせずに、冬には田に水を入れておくことを奨励している。

　　真性地にして地ふかなる土おもきこわき田をハ　冬より正月
　　に至てうち　寒中の水をつけてこをらせ　土をくさらせねか
　　すへし（中略）しらぬあきなひせんよりハ　冬田に水をつゝ

図2　農書類の著作地分布図

図中の数字と下の数字は本文中の註番号である。

(8)　伊予国『清良記』　　(9)　三河国『百姓伝記』　　(10)　岩代国『会津農書』
(12)　加賀国『農事遺書』　　(13)　加賀国『耕作大要』
(14)　安芸国『賀茂郡竹原東ノ村田畠諸耕作仕様帖』
(15)　尾張国『農業家訓記』　　(16)　出雲国『農作自得集』
(17)　常陸国『農業順次』　　(18)　三河国『農業時の栞』
(19)　若狭国『諸作手入之事・諸法度慎之事』　　(20)　薩摩国『農業法』
(21)　上総国『家政行事』　　(22)　遠江国・駿河国『報徳作大益細伝記』
(23)　下野国『農家用心集』　　(25)　紀伊国『地方の聞書』
(27)　加賀国『耕稼春秋』　　(28)　加賀国『鶴来村旧記写』
(29)　安芸国『家業考』　　(31)　三河国『浄慈院日別雑記』
(33)　若狭国『農業蒙訓』　　(34)　尾張国『農稼録』
(35)　阿波国『農術鑑正記』　　(41)　豊前国『農業日用集』

めと世話に云り（註(9) 17巻73頁）

　『百姓伝記』の著者は、冬期湛水の効果として、田に陽気がこもること、水害と旱害を受けにくいこと、耕起時に反転させた稲株が腐りやすくなることの、3つをあげている。

　　水をつけをけハ　其田に陽気能包りて　稲を植て後能ミのる（中略）寒の水をつけたる田ハ　水旱にあひてつよく　冬水のかわきたる田ハ日にいたミ　水にいたむ事はやし　打て水をつけをくを　くれ田と云　上下へかへすによりて　古き稲毛もくさるなり（註(9) 17巻73-74頁）

　『百姓伝記』の著者は、上記のような土地条件の場所以外の田でも、冬期湛水をおこなうよう奨励している。ただし、畑がほとんどない村では水田二毛作もやむをえないとも記述している。

　　田に麦を作　跡をまた田かへし稲を作る事　費多し　然共田斗多くして畠なき村里ハ　両作つくるへし（註(9) 17巻 84頁）

　岩代国の『会津農書』[(10)]（1684年）は、田で裏作をせずに、冬には水を入れておくことを奨励している。ただし、畑がほとんどない村では水田二毛作もやむをえないとも記述している。

　　山里田共に惣而田へハ冬水掛てよし（註(10) 54頁）
　　麦かり跡に晩稲殖てよし　又糯を殖てもよし　とかく麦田の稲ハ本田（一毛作田のこと）より悪し　されとも畑不足の処

ハ蒔て養を多く入れは余り損もなし（同 64頁）

　東北地方の水田では、1950年代でもイネの一毛作がおこなわれ
ていた（表2）。以後、この章では東北地方の農書からは記述を
拾わないことにする。
　『農業全書』(11)（1697年）は、「麦蒔」「麦跡」（註(11) 12巻141-142
頁）などと称する田以外では裏作をおこなわず、冬の間は水を入
れておくことを奨励しているので、二毛作をおこなう田の面積は
多くなかったと考えられる。

　　水田をバ水の干ざるやうに　冬よりよく包ミをくべし　深田
　の干われたるハ甚よからぬものなり　寒中ハ　猶よく水をた
　めて　こほらせをきて春耕すべし（註(11) 12巻 57-58頁）
　稲田耕しの事　麦蒔の外ハ　秋耕してよき所もあり　沙
　地などハ早く犂　水を入くさらかしをきたるもよし　大かた
　ハ春耕したるにしかず（同 12巻141頁）

　ただし、ムギとナタネの項目には、水田でイネとの二毛作をお
こなう技術が記述されている。

　　麦地こしらへの事（中略）田ならバ　早稲の跡を　うるおひ
　よき内に犂返し（註(11) 12巻 152-153頁）
　油菜　田圃に蒔て栄へ安く　虫も食ハず子多し（同 12巻
　231頁）

　加賀国の『農事遺書』(12)（1709年）はイネとイグサの水田二毛
作の手順を記述しているが、イグサ以外の作物との水田二毛作の

記述はない。

　　藺ハ成程上田ヨシ（中略）田ヲ刈仕廻テ　温 カナル日早ク
　　植タルヨシ（註⑿77-78頁）

　イグサは湿地に生育する植物なので、冬期湛水と同じ状態になるが、イグサを作付した田は瘠せるので、イグサ苗の植付場所を毎年変えるよう指示している。

　　藺苗ハ跡 瘠ルモノナリ　今歳東ニ置タラバ来年ハ西ニ置
　　各番ニ場ヲ変テ置ベシ（註⑿80頁）。

　したがって、二毛作をおこなった水田の面積は小さかったであろう。
　同じく加賀国の『耕作大要』⑬（1781年）は、「田エ冬水ヲカケル　必ヨキコト也」（註⒀297頁）と記述している。
　安芸国の『賀茂郡竹原東ノ村田畠諸耕作仕様帖』⒁（1709年）は、地方役人へ提出した東野村の耕作技術の報告書であり、晩稲を作付する湿田には冬は水を溜めておくことが記述されている。

　　晩田地拵之儀者　水田山田抔ハ年内ゟ水ため置　二月末ゟ取
　　付　あぜ直し拵　三月上旬ゟ荒おこし仕　又　水ため置申候
　　（註⒁11頁）

　ただし、早稲と中稲を作付した田では冬期にムギを作っている（註⒁8-9頁）。
　尾張国知多郡の人が書いたとされる『農業家訓記』⒂（1731年）

は、「水田」と称する田には、稲刈り直後から水を入れておくことを奨励している。

　　水田稲刈跡に水はやく可包　遅く包めは土かたく成り　翌
　　年打としろのるとに人足多くかゝり（中略）無油断水可包
　　（註⒂379頁）

　ここでも「麦田」（註⒂382頁）と称する二毛作田があったが、その割合は記述されていない。
　出雲国の『農作自得集』⁽¹⁶⁾（1762年）は、乾田と湿田ともに裏作はおこなわず、湿田には水を入れておくことを奨励している。

　　田に高田底田の二つあり　高田は春耕して悉陽気をうけさせ
　　て（中略）底田は冬の中より古き畦の損所を繕ひ　春耕まで
　　水をたもちおく事　是寒気を土中に移さず　冬至ゟ土中に立
　　のぼる陽気を洩さぬ故ならん（註⒃195頁）

　常陸国の『農業順次』⁽¹⁷⁾（1772年）には、イネ刈り後の水田に湛水するとの記述がある。

　　耕地不残稲刈上申候時　畔留メ仕候（註⒄55頁）

　『農商務統計表』から1884（明治17）年の常陸国の一毛作田率を計算すると、82％になり（表3）、全国平均値75％に近い値であった。
　三河国の『農業時の栞』⁽¹⁸⁾（1785年）は、冬には田に水を入れておくことを奨励している。ただし、記述内容は『農業全書』と

表3 1884（明治17）年の国別田作付区別

国　名	一毛作田（反歩）	（%）	二毛作以上の田（反歩）	（%）	不作付田（反歩）	（%）	合　計（反歩）	（%）
山城	72,764	54	58,019	43	3,922	3	134,705	100
大和	88,336	26	247,328	74	258	0	335,922	100
河内	155,544	54	130,247	45	584	0	286,376	100
和泉	115,946	45	139,592	55	261	0	255,799	100
摂津	172,421	53	129,542	40	23,679	7	325,642	100
伊賀	61,389	54	51,436	46	217	0	113,042	100
伊勢	411,835	63	236,267	36	4,930	1	653,032	100
志摩	23,608	92	2,166	8	4	0	25,778	100
尾張	372,729	75	124,243	25	—	—	496,972	100
三河	324,470	93	24,422	7	—	—	348,892	100
遠江	283,511	98	5,242	2	1,339	0	292,827	100
駿河	233,916	80	57,125	20	1,786	0	290,092	100
甲斐	115,968	61	74,144	39	—	—	190,112	100
伊豆	65,171	85	11,648	15	155	0	76,974	100
相模	151,885	95	6,987	4	1,551	1	160,423	100
武蔵	892,832	95	50,354	4	1,140	1	944,326	100
安房	51,860	67	25,543	33	—	—	77,403	100
上総	428,141	100	—	—	—	—	428,141	100
下総	628,106	98	10,029	2	10	0	638,145	100
常陸	559,103	82	122,730	18	—	—	681,833	100
近江	425,783	67	209,714	33	—	—	635,497	100
美濃	317,550	59	219,890	41	1,228	0	538,668	100
飛驒	54,670	97	1,838	3	50	0	56,558	100
信濃	586,816	89	69,071	10	7,172	1	663,059	100
上野	147,549	51	141,763	49	—	—	289,312	100
下野	450,812	90	49,688	10	997	0	501,497	100
磐城	456,499	97	—	—	13,205	3	469,704	100
岩代	480,761	98	—	—	10,823	2	491,584	100
陸前	1,177,358	100	—	—	1,808	0	1,179,166	100
陸中	48,049	100	—	—	—	—	48,049	100
陸奥	576,831	100	—	—	—	—	576,831	100
羽前	712,038	99	—	—	5,575	1	717,613	100
羽後	1,037,355	100	—	—	793	0	1,038,148	100
若狭	41,643	60	27,762	40	—	—	69,405	100
越前	361,391	90	40,155	10	—	—	401,546	100
加賀	247,882	87	37,040	13	—	—	284,922	100
能登	217,726	96	8,483	4	—	—	226,209	100
越中	736,855	96	23,165	3	3,858	1	763,878	100
越後	1,688,034	99	—	—	6,183	1	1,704,217	100
佐渡	77,428	99	—	—	495	1	77,923	100
丹波	103,921	40	156,702	60	1,684	0	262,307	100
丹後	95,441	71	35,494	27	2,675	2	133,610	100
但馬	87,956	62	53,909	38	—	—	141,865	100
因幡	128,289	72	48,179	27	557	0	177,025	100
伯耆	171,540	45	212,409	55	856	0	384,805	100
出雲	305,177	95	9,694	3	7,010	2	321,881	100
石見	173,349	86	25,772	13	3,018	1	202,139	100
隠岐	13,259	95	—	—	635	5	13,894	100
播磨	243,022	73	91,027	27	—	—	334,049	100
美作	146,671	75	49,854	25	—	—	196,525	100

第2章　水田では冬期湛水してイネの一毛作をおこなっていた

備 前	107,286	39	165,019	61	—	—	272,305	100
備 中	160,072	58	117,789	42	—	—	277,861	100
備 後	185,315	57	138,118	42	1,974	1	325,407	100
安 芸	205,067	51	199,257	49	1,078	0	405,402	100
周 防	136,467	53	121,903	47	488	0	58,858	100
長 門	135,376	53	115,354	46	2,536	1	253,266	100
紀 伊	291,531	61	187,657	39	1,814	0	481,002	100
淡 路	31,723	35	58,915	65	—	—	90,638	100
阿 波	167,575	65	70,423	27	18,508	7	256,506	100
讃 岐	152,394	40	228,591	60	—	—	380,985	100
伊 予	238,979	52	220,596	48	—	—	459,575	100
土 佐	274,883	78	68,559	19	8,455	2	351,897	100
筑 前	118,182	25	354,546	75	—	—	472,728	100
筑 後	30,531	10	274,778	90	—	—	305,309	100
豊 前	101,381	35	187,065	65	455	0	288,901	100
豊 後	188,734	53	169,282	47	909	0	358,925	100
肥 前	691,534	74	245,298	26	—	—	936,832	100
肥 後	87,178	15	494,011	85	—	—	581,189	100
日 向	298,082	81	71,872	19	—	—	369,954	100
大 隅	137,059	66	70,606	34	—	—	207,665	100
薩 摩	185,062	73	68,447	27	—	—	253,509	100
壱 岐	14,653	100	—	—	—	—	14,653	100
対 馬	5,474	100	—	—	—	—	5,474	100
合 計	20,465,728	75	6,646,760	24	154,675	1	27,267,163	100

農商務省総務局報告課（1886）『農商務統計表』（復刻版）6頁の『第1田作付区別十七年調』から作成した。

ほぼ同じである。

　　古より云つたへにも　冬田に水をかこへといふハ　水あれハ
　　下の土氷らさる為也（註(18) 135頁）

　若狭国の『諸作手入之事・諸法度慎之事』(19)（1786年）は、湿田では稲刈り後に湛水すれば、除草と施肥の効果があると記述している。

　　（湿田では）いねかると　うゑ田のことくあせをして　かり
　　かぶの見へぬやうに水をあてるへし　くさもはへず　山の木
　　草のあくなかれて　こゑになるへし（註(19) 323頁）

ただし、「むぎあとあらおこしの事」の項目には、ムギ刈り後の田を犂で耕起して田植する手順が記述されているので、二毛作もおこなわれていた（註(19) 324頁）。1884（明治17）年の若狭国の一毛作田率は60％であった（表3）。

　近世薩摩藩領で著作された農書『農業法』(20)（年代未詳）は、砂の多い田と湿田には冬の間水を入れておくことを奨励している。

　　砂田牟田は秋すき起し　冬水を包ミ置　春になり仕付之考にて　水をおとし打起よし（註(20) 246頁）

　ただし、「麦田ハ麦取揚次第早速打起し」（註(20) 247頁）との記述もあって、水田二毛作もおこなわれていた。

　上総国の『家政行事』(21)（1841年）は、イネ刈り後の水田に泥水を入れることを奨励している。1884（明治17）年の上総国の一毛作田率は100％であった（表3）。

　　十月　田方刈取ノアト　ゴミ水通ス功夫アルベシ（註(21) 271頁）

　遠江国・駿河国の『報徳作大益細伝記』(22)（1848–53年）は、乾田・湿田ともにイネの一毛作をおこない、湿田には冬期湛水することを奨励している。

　　かたき田は寒中迄ニから田ニ起す事（註(22) 308頁）
　　淡水懸り場所和らき田も　寒中ら成丈深く址起しをいたし（中略）水ハ寒中ら懸置くべし（同　309頁）

ただし、乾田の一部では裏作にムギを作付するとの記述もある（註(22) 310頁）。

下野国で近世末に著作された『農家用心集』[23]（1866年）は、イネの田植後にムギ類を刈りとり、ムギ類の播種後にイネを刈りとると記述しているので、水田ではイネの一毛作がおこなわれていたことになる。ただし、水田に冬期湛水する記述はない。

> 田植済て（中略）大麦刈取（中略）半夏前ゟ小麦刈取てよし（中略）八月末より九月土用迄小麦蒔（中略）秋土用ニ入（中略）大麦三度豆を蒔（中略）九月末ゟ十月に至稲を刈（註(23) 413–416頁）

『農商務統計表』から1884（明治17）年の下野国の一毛作田率を計算すると、90％になる（表３）。

ここに抜き書きした農書の多くが水田二毛作についても記述しており、従来は農業生産力発展の視点から水田二毛作のほうが強調されてきた。しかし、いずれの農書もイネの一毛作を二毛作より先に記述しており、また1884（明治17）年の全国総計一毛作田率は75％（表１）であったことから、近世には少なくとも全水田面積の４分の３で一毛作がおこなわれていたと考えられる。

一毛作田の環境に適応しつつ地力を維持する技術が、冬期湛水であった。田の入水口と排水口を一定の高さに塞いでおけば湛水できたはずだが、そうしない農民もいたので、近世農書の著者たちは冬期湛水を奨励したのであろう。

既存の農耕技術よりも高い水準の技術が記載されているはずの農書から記述を拾ったが、近世の水田ではイネの一毛作が広くおこなわれ、冬期湛水が奨励されていたことが明らかになった。水

田二毛作は中世にはおこなわれていたとされるが[24]、近世に入っても、多くの田では夏はイネの一毛作をおこない、冬は田面湛水が奨励されていたのである。

第3節　水田二毛作について記述する農書

稲作をおこなうには水が乏しくて十分な収量が得られない土地条件の場所の中には、米で足りない穀物の量をムギ類で補うために、水田二毛作が普及していた場所があった。

紀伊国伊都郡学文路村の大畑才蔵が元禄年間に記述した『地方の聞書』[25]（1688-1704年）の「種おろし」の項目に、水田でイネとムギを作る二毛作の記述がある。

> 五月　田ならしの事ハ　麦を刈候て跡をすきほし（中略）田植日三四日前ゟ水を入かきならし（中略）植申（註(25) 26頁）
> 九十月　麦は（中略）田方稲のすきほし置（中略）種を蒔（同　29-30頁）

古島敏雄[26]によれば、紀伊国伊都郡の河岸段丘上では、中世から水田二毛作がおこなわれていた記録がある（註(26) 235-239頁）。河岸段丘面は地下水位が低いので、イネを作るための水が乏しく、少ない米の収穫量をムギ類で補ってきた場所である。『地方の聞書』は、そのような土地条件の場所で著作された農書である。

加賀国の『耕稼春秋』[27]（1707年）は、早稲と中晩稲を2年で輪作し、その間に隔年でムギ類かナタネを作付する水田二毛作をおこなうと記述している（註(27) 37-71頁）。また、加賀藩領ではここ半世紀の間に裏作物のムギ類とナタネの作付面積が倍増した

ようだが、田畑とも二毛作を続けるには大量の肥料が必要だとも
記述している。

　　御領国三州にて麦菜種承応改作の頃より　唯今田の歩数一倍
　　程多く植る事口伝有　惣して一ケ年田畠一所に二作共すれ
　　ハ　土の性ぬけて下地となる　是によりて糞も段々多入増也
　　(註(27) 71頁)

　『耕稼春秋』は、手取川扇状地上での稲作技術を記述した農書
である。冬作物を挟む2年3作をおこなう理由のひとつは、扇状
地の乏しい水利事情への適応であろう。
　また、『耕稼春秋』と同じ時期の加賀国の記録『鶴来村旧記
写』(28)(1683–97年)は、「山方は田地方少々にて御坐候に付(中
略)菜種麦の儀はあからみ次第刈　田植申候　おも田よりおそく
御座候ニ付　追付打割仕　植申候」(註(28) 115頁)と記述してい
る。これは耕地面積が小さい山間地に限られる水田二毛作で、こ
こでも「里方沼田」「おも田」と称する平坦地の田ではイネの一
毛作をおこなっていた(同 115頁)。
　『家業考』(29)(1764–72年)は、安芸国の山間河谷に住んだ豪農
が記述した歳時記式の農書であり、「九月ドヨウ　田の麦まき」
には、面積7〜8反歩の田に裏作ムギを作付すると記述されてい
る。

　　いな麦を道沖の田へ弐反斗もまいてよし　はだかハ五六反見
　　合ニまくべし　(註(29) 113–114頁)

　翻刻者の解題によれば、この豪農家の当時の自作面積は2町5

〜6反であった（註(29)179頁）。田畑の割合は記述されていない
が、田畑半々とすれば、水田の3分の2に裏作ムギを作付してい
たことになる。

『門田の栄』(30)（1835年）は、水田二毛作を奨励する近世農書の
例である。『門田の栄』は、大蔵永常が三河田原藩に雇用された
時に、営農のモデルとして刊行した農書である。『門田の栄』に
は、摂津国の人が三河国と下総国の百姓に水田二毛作を奨める話
が記述されている。

少々の商ひをして銀を儲けんより　田に水をはれなどゝハ
往昔の人のいひ出せし事なるが　余りの戯言なり　かなら
ず信用なく　二作取やう心がけ給へ　是　天道さまへの
御奉公なり（註(30)207頁）
東海道筋より関八州を（中略）中深の田の分のこらず畦を
高くかきあげ　麦菜種を作るやう成なバ　百万町の新田を
ひらくにも勝りて　国益と成事大ひなるべし（同 211-212
頁）

しかし、田原藩領を含む三河国東部では、19世紀後半に至って
も水田二毛作は普及していない。三河国吉田（現在の豊橋市街
地）の西郊にあった三河吉田藩領の寺院の院主が三代にわたって
1813（文化10）〜86（明治19）年に記述した日記『浄慈院日別雑
記』(31)には、寺の自作田2か所でイネの一毛作をおこなっていた
ことが記述されている。水田のうち、1か所は台地崖下の湧水帯
に立地する田、もう1か所は氾濫原にあって灌漑水路から引水す
る田であった。後者の田は入水口を閉ざせば冬には畑作物を作付
できたはずだが、そこでもイネの一毛作をおこなっていた。また

第2章　水田では冬期湛水してイネの一毛作をおこなっていた　27

2か所の田で毎年最初におこなう作業は、「畔懸」と称する畔塗りを含む畔の整形作業であった。畔塗りは畔に泥土を塗りつける作業であり、畔塗り前に田に水を入れるとの記述はないので、2か所の田ともに冬期は湛水しておいたことがわかる。『浄慈院日別雑記』は、冬期水田湛水をおこなっていた事実を証明する事例である。

　この事実を、三河吉田藩領では水田二毛作を受け入れる技術水準に達していなかったと解釈することもできようが、当時の吉田は『門田の栄』の著者が普及させたい技術を受け入れなくても暮らせる領域であったと、筆者は解釈したい。

　上に記述したことは、統計数値で証明できる。『農商務統計表』の「田地作付区別」によれば、1884（明治17）年の三河国における一毛作田率は93％であった（表3）。また、1894（明治27）年の三河国ムギ類作付面積のうち、田に作付したムギ類の割合は11％[32]だったので、ナタネなどの水田裏作物の作付面積を加えても、一毛作田率は8割を超えていたであろう。19世紀末までの三河国は、水田の8〜9割でイネの一毛作をおこなって暮らせる領域だったのである。

　若狭国の農書『農業蒙訓』[33]（1840年）は、稲作に直接関わる作業を優先して、イネの収量を増やすために、ムギは乾田面積の3割ほど作ればよいと記述している。

　　麦を作る人場を広く植へからず　十段の堅田ハ　三段にて手いれをよくすれば（中略）残り七段（中略）干田となして彼岸十日過より犂せ（中略）麦跡を俄に耕したるより（中略）田の出来かた格別也（註(33) 265-266頁）

尾張国木曽三川河口部で著作された『農稼録』[34]（1859年）は、冬期に水田に高畦を作り、高畦の上でナタネかオオムギを作ることを奨励している。

　　刈田 穭 過 田面能乾きたるを打起しくね田にし　畦の上土能乾きたるを仔細に墾し　畦作りして菜を殖る歟　大麦を蒔べし （註 [34] 21頁）

　ただし、『農稼録』が冬期の高畦作りを奨励した本来の理由は、水田の土を乾かして地力を向上させる乾土効果で、来年作付するイネの収量を増やすことにあった。

　　近年ハ此畔田ならでハ米の取実少なしと皆人心にしミて　今ハ村中残なく畔田にする事にぞなりぬる （註 [34] 24頁）

　近世に水田で二毛作をおこなっていた場所では、何か事情があって、かつイネの生育と収量に支障が及ばない範囲内で、二毛作をおこなっていたのである。水田はイネを作る場であって、水田ではイネの一毛作をおこなうのが、近世農民の常識であった。
　1723（享保8）年に阿波国の農学者が著述した『農術鑑正記』[35]は、「近年功農水湿の地を堀上　油菜蚕豆を作り　定水田の外　何国も空地なし」（註 [35] 326-327頁）と記述しているが、160年後の1884（明治17）年でも阿波国における一毛作田率は65％（表3）、すなわち3枚の田のうち2枚は一毛作田であった。農書の著者がこうあってほしいと願う姿と、現実との隔たりがよくわかる事例である。
　水田二毛作が普及し始めるのは、水を抜いた田を馬が引く犂で

深く起こして耕土を厚くする「乾田馬耕」技術が普及していく、20世紀に入ってからのことである[36]。

安室知[37]は、長野県善光寺平に立地する檀田村の水田で昭和初期におこなわれていたイネとムギとの精緻な二毛作システムを、聞きとりにもとづいて復原している。安室は「檀田では水田のほとんどに二毛作の麦（大麦・小麦）を栽培した」（註[37] 8頁）技術システムが普及した時期を、「少なくとも大正のころにはほとんどの水田および畦畔で、麦類および豆類が栽培されていたことは聞きとり調査から明らかである。おそらく、その起源は、用水灌漑の整備による乾田化の進行と稲作単一化の進展に時を同じくしていると思われる。」（同 23頁）と記述している。

『長野縣町村誌』[38]が記載する檀田村の1880（明治13）年の農産物生産量を見ると、米約324石に対して大麦と小麦の生産量は約32石（註[38] 388頁）で、米の1割ほどであった。したがって、檀田村で精緻な水田二毛作システムが構築されたのは、19世紀末から20世紀初頭のことである。

しかし、湿田の乾田化が二毛作田率の上昇に寄与した程度は大きくない。『日本農業基礎統計』[39]によれば、20世紀前半でも全国総計の一毛作田の面積比率は6割ほどであった（表1）。これは、乾田化工事後もイネの一毛作をおこない続ける田があったことを物語っている。

第4節　考察

ここまで読んで、「多くの農書は水田二毛作の技術を記述しているではないか」と思われた読者もおられるであろう。

近世の農耕技術に関心を持つ研究者は、農書の記述の中から、自分の解釈の裏付けになり得る箇所を拾って引用してきた。農耕

技術は近世の間に段階的発展をとげたことを提唱する論攷の中から、その一例をあげよう。

徳永光俊[40]は、『百姓伝記』の作付方式を「湿田一毛作技術に代表される生産力段階にあった」（註[40]69頁）と位置付け、『耕稼春秋』では水田の「二毛作技術が確立しつつある」（同 77頁）と記述し、近世の農業先進地で著作された『農業全書』では水田「二毛作中心」（同 86頁）に発展していたと説いている。典型的な農業生産力の発展段階説に立つ解釈である。

しかし、『農商務統計表』の「田地作付区別」によれば、1884（明治17）年における全国総計の一毛作田率は75％（表１）で、総水田面積の４分の３はイネ一毛作をおこなう場であった。

それでは二毛作をおこなっていた４分の１の水田は、どのような土地条件を持つ場だったか。筆者は早稲の作付田で二毛作が多くおこなわれていたと考える。1930年代に始まる農林１号以降の多収穫早稲種が普及する以前の早稲は、単位面積当り収量が中稲や晩稲よりも少なかったが、不時の災害に対する危険分散のために、一定面積が作られていた。この早稲の収穫量不足分を冬作のムギ類で補っていたとの解釈である。作季から見ると、晩稲とムギ類などの裏作物を組み合わせたほうが、作業の手順は楽に組めるのだが、そうしなかったのは、農民は「水田とはイネを作る場である」と位置付けていたからである。

早稲と組み合わせる水田二毛作の事例として、先に『農業全書』（註[11]153頁）をあげた。また『清良記』には、早稲→蕎麦・小黍・葉菜類→早麦の順で作付する、水田三毛作の記述がある（註[8]48-49頁）。ここではさらに２つの事例を記述する。

安芸国の『賀茂郡竹原東ノ村田畑諸耕作仕様帖』（1709年）の舞台である東野村では、早稲と中稲を作付する田に冬期はムギを

作り、晩稲を作付する田は湛水している。

　　早稲方地拵之儀者　　麦刈　其まゝ麦跡すき申候而水あて
　　（註(14) 8頁）
　　中田地拵之儀　麦刈申其まゝ麦跡すき申候而　二三日過水あ
　　て（同　9頁）
　　晩田地拵之儀者　水田山田抔ハ年内ゟ水ため置（同　11頁）

　豊後国の『農業日用集』(41)（1760年）は、早稲田でオオムギを作り、湿田には冬中湛水することを奨励している。

　　早稲を作る田は水廻の能所に大麦を作る心掛よし（註(41) 20
　　頁）
　　ふけ田沼田ハ冬中　正二月迄の内　あわい能時分耕し（中
　　略）其儘水を溜め置もあり（同　24頁）

　農耕技術の規範である農書が奨励する「麦田」すなわち水田での二毛作と、現実との隔たりは大きい。水田を畑として使うには技術が必要であり、また腹が満ちている限り、水田二毛作をする必要はないからである。湿田より乾田のほうが生産力が高いと評価されるようになるのは、水のかけひきが人間の意図に従ってできるようになる近代以降である。

　農書の著者たちは、著書中の個別技術を後代の人々がどのように位置付けて引用するかを考えて著作したわけではないので、農書の著者たちの環境観を個別技術の記述ごとに拾い上げることはできない。したがって、我々は農書の著者たちの環境観を適切に見極めたうえで、個別技術を評価すべきであろう。水田二毛作に

ついては、農書の記述が短期間に実現したと過大評価しないほうがよい。

　ちなみに、近世の支配階層は水田二毛作の実状をどの程度知っていたか。役人が地方支配の参考に使った地方書のひとつである『地方凡例録』[(42)]（1791年−）は、巻之二下「土地善悪之事」で、一毛作と二毛作のいずれをおこなうかは、地域ごとに異なり、また同じ地域でも土地条件によって決まると記述している。

　　　国に依て両毛作の場にて麦を蒔かず　地を休めて田作すれバ殊の外能く出来　麦を取より増の処もあり　又東海道筋は麦田に麦を蒔ざれバ　田作出来ざるなり　又稲を苅り　跡を耕し　冬水を絶へず掛け置て　春夏の足しにする処多し（中略）寒暖遅速土地の応不応一定ならざれバ（中略）其国其処に於て土性の善悪　作物の仕方を平日心掛け見覚へ（中略）百姓の苦楽豊窮賦税の強弱等をも厚く心を用ゆべきこと　地方を主とするものゝ要務なるべし　（註(42)111頁）

　『地方凡例録』の著者は、田が立地する場所の土地条件や地力に応じて、農民はイネの一毛作かイネと冬作物との二毛作のいずれかを選んでいると、寛大な解釈をしている。この文章を見るかぎり、地方役人は水田利用の実状を適確に把握していたようである。

　また『日本農書全集』第II期の編集委員は、近世農書が奨励する営農技術と地域の実状との隔たりを、次のように解釈している。

　佐藤常雄[(43)]は、『日本農書全集』第II期の〈地域農書〉「総合解題」に、「個々の地域農書に記述された農業技術が、当該地域

および年代のごく一部の突出した特殊な事例にすぎないこともあり、地域農書の農業技術をもってすぐさま近世の小農技術体系を一般化することはできない。」(註(43)25頁) と記述している。

徳永光俊[44]は、『日本農書全集』第II期の〈農法普及〉「総合解題」で、「改良農法を記した農書を読みつなげて、江戸時代の農法を構想することは、当時の大多数の農民から見れば、相当進んだ農法を点と点でつないでしまうことになるだろう。(中略)改良農法は、大多数の農民に受容されて、はじめて在地農法として定着するのである。」(註(44)14頁) と記述している。

近世農書が記述する水田二毛作は、佐藤が述べる「すぐさま一般化することはできない」技術、徳永が言う「在地農法として定着」しなかった農法のひとつなのである。筆者は、水田でのイネ一毛作と冬期湛水を奨励する農書のほうが、近世の水田耕作技術の一般的な姿を記述していると解釈したい。

第5節　おわりに

水田は夏期にイネを作付して米を作る場である。したがって、来年春の灌漑水を確保するとともに、水田の地力を維持して一定量の米を収穫するためには、冬期は湛水しておく必要があった。水田でのイネ一毛作と冬期湛水は、低湿地の生態系に適応することで、投下する労力と資材を減らすとともに、地力を維持する農法である。1884（明治17）年の一毛作田率75％からみて、近世には少なくとも水田面積の4分の3でイネ一毛作をおこなっていたと考えられる。

他方、畑では多毛作をおこなう必要があった。冬作物を育て、初夏に収穫した後、畑を休ませると、雑草が生えるので、雑草が繁茂しないように夏作物を作付したからである。

近世の水田ではイネの一毛作が広くおこなわれて冬期湛水が奨励され、畑では多毛作をおこなってきたのは、それぞれの環境に適応する人々の知恵であり、それを文字媒体で奨励したのが、農書の著者たちであった。これが本章の結論であり、第1節で提示した仮説は成立する。

　近世農書の著者たちは、今の日本人が使う言葉で表現すれば、環境への順応を前提に置き、その枠内で自らの営農経験を踏まえて最大限の収量を得る「地産」の技術を記述したと、筆者は考える。『農業全書』は上記の姿勢を「農人たるものハ　我身上の分限をよくはかりて田畠を作るべし」（註(11)12巻47頁）と表現している。これは時代の推移やその時々の歴史観を超えて、一貫して通用しうる視点である。水田の冬期湛水は、この視点に立つ営農技術のひとつであり、この章の第3節に記述した近世末三河国の日記『浄慈院日別雑記』は、それを実証する事例である。

　水のかけひきができるように改良した田での二毛作など、20世紀前半に普及する農耕技術を、その100年ほど前に提唱した大蔵永常が、蘭学の知識を援用して施肥技術を論じた『農稼肥培論』(1830–44年)[45]にも、「水田の麦なと蒔事のならさる田にハ　水をはり　水あかを溜て　肥しのたしにする事あり」（註(45)68頁）との記述がある。

　また、乾田での二毛作を農法の発展と位置付けた嵐嘉一も、「用水不備のためわざわざ冬期湛水を行なっていた湿田は、案外多かったのである。（中略）水田の土を肥やす意味で、ことさら冬水を掛ける慣習のところもいくらかみられた。この冬水慣行はわが国の中部・東北地方に多く」（註(4)23頁）と記述している。

　近世農書の著者たちと同じ環境観に立って、今の農法に適用すれば、農業生産力を支えてきた化石燃料を基盤に置く既存資源が

枯渇しても、環境の構成要素である多種類の生物たちが結果的に協力して、これからの農業の生産力を維持してくれるであろう。

　ちなみに、水田の不耕起とイネの無農薬栽培を組み合わせる自然農法を提唱している岩澤信夫[46]は、冬は水田に水を入れておく冬期湛水の効果を、大量に増殖するイトミミズなどの小型生物が土を肥やすことと、厚い軟泥層ができて太陽光線が水面下の土層に届きにくくなることによって雑草の発芽が抑えられることであり（註[46] 66-69頁）、また水中の微生物が有害物質を体内にとり込んで、水質を浄化してくれる（同 103-105頁）と記述している。この章の第2節で引用した『百姓伝記』など13の農書は、水田でイネの一毛作をおこない、冬は湛水しておくことを奨励している。冬期湛水すれば、岩澤が提唱する効果があることを体得していたからであろう。岩澤は、農地に労力と資材をとめどなく注ぎ込む、従来の「一所懸命」農法を捨てて、省エネ、省資源、既存の流通機構に頼らないマーケット重視のイネ作りをおこなうことを奨励している（同 129頁）。これも学ぶべき視点であろう。

　また岩澤は、湛水した田はアカトンボの卵が冬を越し、各種のカエルが卵を生む場であり、人間から見て害虫と天敵との数の均衡がとれている場であると記述し（註[46] 89-94頁）、宇根豊[47]は「田んぼにただの草とただの虫がいることに意味がある」（註[47] 42-64頁）と表現している。水田でのイネ一毛作と冬期湛水は、湿地生態系の循環の中でイネを育てる技術なのである。

　ただし、今は冬期湛水は台地崖下の湧水や谷頭の沢水を使う水田でしかできない。広域灌漑用水は、非灌漑期には水の元栓を閉めるので、水が来ないからである。筆者は、冬期も一定の日数を置いて用水路に水を流し、個々の水田が引水できる灌漑方式に戻すことを提言したい。

この章は、水田でのイネ一毛作と冬期湛水を例にして、近世農書の著者たちの環境観を、環境への順応の視点から評価した試論である。このような視点から近世農書の位置付けをおこなった論攷は、これまでなかったと思われる。同学諸兄からの批判を待ちたい。

〈註〉

⑴ 石井進ほか（2011）『詳説日本史 改訂版』山川出版社、408頁。

⑵ 佐藤進一・池内義資編（1955）『中世法制史料集 第一巻 鎌倉幕府法』岩波書店、451頁。

⑶ 宋希璟（1420）『老松堂日本行録』（村井章介校注、1987、岩波書店、312頁）。

⑷ 嵐嘉一（1975）『近世稲作技術史』農山漁村文化協会、625頁。

⑸ 長憲次（1988）『水田利用方式の展開過程』農林統計協会、295頁。

⑹ 1884（明治17）年は、農商務省総務局報告課（1886）『農商務統計表』（復刻版）の「第一 田地作付区別 十七年調」に記載されている、「一毛作段別、二毛作以上段別、不作付段別、合計」6頁の総計欄から算出した。1903（明治36）年以降は、農政調査委員会編（1977）『日本農業基礎統計』農林統計協会、56-57頁から算出した。

⑺ 有薗正一郎（1975）「最近1世紀間の日本における耕地利用率の地域性に関する研究」人文地理27-3、107-122頁。

⑻ 土居水也（1629-54）『清良記』（松浦郁郎・徳永光俊翻刻、1980、『日本農書全集』10、農山漁村文化協会、3-204頁）。

⑼ 著者未詳（1681-83）『百姓伝記』（岡光夫翻刻、1979、『日本農書全集』16、農山漁村文化協会、3-335頁、同17、3-336頁）。

⑽ 佐瀬与次右衛門（1684）『会津農書』（庄司吉之助翻刻、1982、『日本農書全集』19、農山漁村文化協会、3-218頁）。

⑾ 宮崎安貞（1697）『農業全書』（山田龍雄ほか翻刻、1978、『日本農書全集』12、農山漁村文化協会、3-392頁、同13、3-379頁）。

⑿ 鹿野小四郎（1709）『農事遺書』（清水隆久翻刻、1978、『日本農書全集』5、農山漁村文化協会、3-193頁）。

⒀ 林六郎左衛門（1781）『耕作大要』（清水隆久翻刻、1997、『日本農書全集』39、農山漁村文化協会、247-299頁）。

⒁ 彦作（1709）『賀茂郡竹原東ノ村田畠諸耕作仕様帖』（濱田敏彦翻刻、1999、『日本農書全集』41、農山漁村文化協会、5-15頁）。

⒂ 著者未詳（1731）『農業家訓記』（江藤彰彦翻刻、1998、『日本農書全集』62、農山漁村文化協会、301-406頁）。

⒃ 森廣傳兵衛（1762）『農作自得集』（内藤正中翻刻、1978、『日本農書全集』9、農山

漁村文化協会、191-227頁）。

⑰ 大関光弘（1772）『農業順次』（木塚久仁子翻刻、1995、『日本農書全集』38、農山漁村文化協会、47-88頁）。

⑱ 細井宜麻（1785）『農業時の栞』（有薗正一郎翻刻、1999、『日本農書全集』40、農山漁村文化協会、31-197頁）。

⑲ 所平（1786）『諸作手入之事・諸法度慎之事』（橋詰久幸翻刻、1997、『日本農書全集』39、農山漁村文化協会、317-352頁）。

⑳ 汾陽四郎兵衛（年代未詳）『農業法』（原口虎雄翻刻、1983、『日本農書全集』34、農山漁村文化協会、243-263頁）。

㉑ 富塚治郎右衛門主静（1841）『家政行事』（田上繁翻刻、1995、『日本農書全集』38、農山漁村文化協会、227-292頁）。

㉒ 安居院庄七（1848-53）『報徳作大益細伝記』（足立洋一郎翻刻、1995、『日本農書全集』63、農山漁村文化協会、289-324頁）。

㉓ 関根矢之助（1866）『農家用心集』（阿部昭翻刻、1996、『日本農書全集』68、農山漁村文化協会、391-418頁）。

㉔ 磯貝富士男（2002）『中世の農業と気候—水田二毛作の展開—』吉川弘文館、342頁。

㉕ 大畑才蔵（1688-1704）『地方の聞書』（安藤清一翻刻、1982、『日本農書全集』28、農山漁村文化協会、3-95頁）。

㉖ 古島敏雄（1975）『日本農業技術史』（『古島敏雄著作集』6、東京大学出版会、663頁）。

㉗ 土屋又三郎（1707）『耕稼春秋』（堀尾尚志翻刻、1980、『日本農書全集』4、農山漁村文化協会、3-318頁）。

㉘ 小野武夫（1941）『鶴来村旧記写』（『日本農民史料聚粋』11、巌松堂、105-121頁）。

㉙ 丸屋甚七（1764-72）『家業考』（小都勇二翻刻、1978、『日本農書全集』9、農山漁村文化協会、3-171頁）。

㉚ 大蔵永常（1835）『門田の栄』（別所興一翻刻、1998、『日本農書全集』62、農山漁村文化協会、173-214頁）。

㉛ 渡辺和敏監修（2007-11）『浄慈院日別雑記Ⅰ-Ⅴ』あるむ。

㉜ 農商務大臣官房文書課（1896）『第十一次農商務統計表』（復刻版）の「麦作付反別及収穫高国別」に記載されている「作付反別」25頁の三河国欄から算出した。

㉝ 伊藤正作（1840）『農業蒙訓』（藤野立恵翻刻、1978、『日本農書全集』5、農山漁村文化協会、235-290頁）。

㉞ 長尾重喬（1859）『農稼録』（岡光夫翻刻、1981、『日本農書全集』23、農山漁村文化協会、3-128頁）。

㉟ 砂川野水（1723）『農術鑑正記』（三好正芳・徳永光俊翻刻、1980、『日本農書全集』10、農山漁村文化協会、295-382頁）。

㊱ 井上晴丸（1953）「農業における日本的近代の形成」（農業発達史調査会編『日本農業発達史—明治以降における—』1、第二章、中央公論社、110-111頁）。

㊲ 安室知（1991）「水田で行われる畑作」信濃43-1、信濃史学会、1-26頁。

㊳ 長野県編（1936）『長野縣町村誌 北信編』564頁（復刻版、1973、名著出版）。

(39) 加用信文監修（1977）『改訂日本農業基礎統計』農政調査委員会、628頁。56頁に掲載されている「「農事統計」による一毛作・二毛作田別面積（明治36〜昭和15年）」から算出した。

(40) 徳永光俊（1981）「近世農業生産力の確立をめぐって―近世前期農書の世界―」（岡光夫・三好正喜編『近世の日本農業』第二章、農山漁村文化協会、46-89頁）。

(41) 渡辺綱任（1760）『農業日用集』（中島三夫翻刻、1982、『日本農書全集』33、農山漁村文化協会、3-59頁）。

(42) 大石久敬（1791-）『地方凡例録』（大石慎三郎校訂、1969、近藤出版社、上巻、345頁）。

(43) 佐藤常雄（1994）「農書誕生―その背景と技術論―〈地域農書〉総合解題」（『日本農書全集』36、農山漁村文化協会、3-27頁）。

(44) 徳永光俊（1994）「農法の改良・普及・受容〈農法普及〉総合解題」（『日本農書全集』61、農山漁村文化協会、5-24頁）。

(45) 大蔵永常（1830-44）『農稼肥培論』（徳永光俊翻刻、1996、『日本農書全集』69、農山漁村文化協会、25-137頁）。

(46) 岩澤信夫（2010）『究極の田んぼ―耕さず肥料も農薬も使わない農業―』日本経済新聞出版社、209頁。

(47) 宇根豊（2005）『国民のための百姓学』家の光協会、215頁。

第3章　近世の水稲耕作暦にみる自然と人間との関わり

第1節　この章で記述すること

　筆者は四半世紀ほど稲作りをおこなってきた。品種は早稲のコシヒカリで、4月第1週に無加温温室の育苗箱に播種、5月1日前後に田植し、9月の第1週目に刈りとる。この耕作暦だと、田植時の灌漑用水は冷たく、炎天下で刈りとるので、いずれも苦行であるが、灌漑用水の配水期間に制約されて、この日程で作業をおこなわざるをえない。

　これが現在の日本稲作の現状である。自然の循環に順応するのではなく、多収穫早稲を作って収量を増やし、大規模灌漑用水システム下で農作業をおこなっているのである。各農作業は機械を使って労働量を減らせばよいのであろうが、筆者のように手作業でイネを育てる人々には過酷な労働である。

　この章では、自然と人間との関わりはこれでよいのか、これからもこのままでよいのかを、近世農書類が記述する水稲耕作暦をモノサシにして、筆者の見解を記述してみたい。

　筆者が40年余の間読んできた農書類の記述によれば、単位面積当り収穫量の向上を希求する現在の農業の原形は、営農技術書である農書類が各地で著作され始める近世中頃に形成された。

　営農技術の中で、各農作物の耕作暦は、それらが育つ地域の諸条件、とりわけ自然条件の枠内で設定されていた。農民は自然条件に順応して農耕をおこなってきたので、各農作物の耕作暦は地域ごとに異なっていた。その中でも、20世紀中頃まで地域ごとの違いが大きかったのが水稲の耕作暦である。

　この章では、次の3つのことを記述する。第一に、近世に日本

各地で著作された農書類から水稲の耕作暦を復原し、各作業をおこなう時期が地区ごとに異なっていた理由を、気候条件（イネが生育する摂氏10度以上の期間）と、田植時の水事情から説明する。

　第二に、近世日本の水稲耕作暦をモノサシにすれば、日本列島は３つの領域にまとめることができる。その根拠を上記２つの制約条件との因果関係から説明する。

　第三に、近世農書類から当時の農民の発想を学んできた筆者の視座から、今の日本の農家が忘れかけている「人間が自然に順応する発想」に回帰することを提起する。

第２節　近世農書類が記述する水稲の耕作暦

　図３は、地域の性格を踏まえて著作された近世農書類の記述にもとづいて、筆者が作成した水稲の耕作暦図であり、およそ南から北に向かう順に並べてある。ここでは、地区ごとに各作業の時期を現行暦（グレゴリオ暦）で記述して、このような耕作暦が生み出された理由を、イネが生育する摂氏10度以上の期間と田植時の水事情から説明する。

(1) 九州[1]

　イネが生育する摂氏10度以上の期間が９か月（３〜11月）ある九州の耕作暦は、播種日・苗代日数・刈りとりの時期・播種から刈りとりまでの総作付日数は多様であったが、田植は大量の水が得られる６月下旬の梅雨期におこなっていた。

(2) 四国[2]

　四国の２例は、各作業の日程は多様に見えるが、イネが生育する摂氏10度以上の期間が９か月（３〜11月）の枠内で、人文条件に沿う日程で水稲作がおこなわれていた。『清良記』の早稲の耕

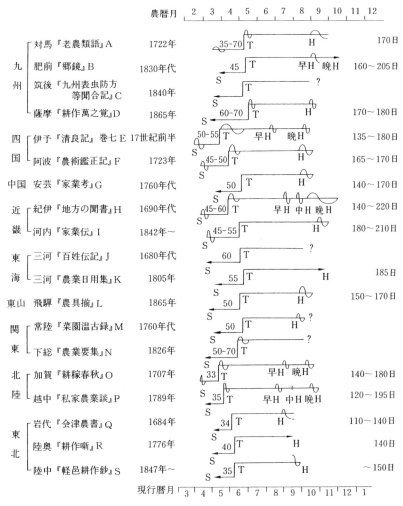

図3 近世農書が記述する各地区の水稲耕作暦
S〜T間の数字は苗代期間の日数、右端は総作付日数である。

作暦は、戦国時代末期の小規模領主が、敵軍による「刈田」(収穫前のイネを踏み荒らして戦意を削ぐ戦術)対策としておこなっ

ていた[3]。

(3) 中国[4]

　5月上旬に播種、苗代で50日育て、6月中旬に田植して、9月下旬から10月中旬の間に刈りとっていた。総作付日数140〜170日は、西南日本の農書類の中では短い。

(4) 近畿[5]

　2例とも播種から刈りとりまでの各作業の日程に幅があり、苗代期間が50日前後、総作付日数が140〜220日の、西南日本型耕作暦の典型である。

(5) 東海[6]

　55〜60日の苗代期間を経て、6月中旬の梅雨期に田植をおこない、総作付日数180日余りの西南日本型耕作暦である。

(6) 東山[7]

　50日ほどの苗代期間を経て、梅雨の雨で田植をおこない、9月末〜10月初旬に刈りとっていた。

(7) 関東[8]

　苗代期間が長く、梅雨盛期に田植をおこなう、西南日本型の耕作暦である。『菜園温古録』の刈りとり期が早いのは、常陸国は11月には摂氏10度を下回るためか。

(8) 北陸[9]

　北陸は平均気温摂氏10度以上の月が4〜10月の7か月あるので、水稲の総作付日数は多様である。北陸の苗代日数が東北よりも短いのは、地下水位が低い扇状地で田植期の水量を確保するために、山地から大量に流下する雪解け水で、5月中旬までに田植を済ませていたからである。

(9) 東北[10]

　播種日はいずれも5月初旬で、もっとも遅かった。これは摂氏

10度以上になる日が他地区より遅いからである。また、摂氏10度以上の月は6か月（5〜10月）、水稲の総作付日数は3例ともに5か月未満であった。田植期は6月上旬で、梅雨の最盛期より早い。東北では、冷たい水に入って田植し、9月に刈りとりをおこなっていた。『耕作噺』は、生殖生長期の低温による冷害対策として、早稲を一定割合作付することを奨励している（註(3)149-151頁）。人間が自然へ順応する発想にもとづく耕作技術の例である。

第3節　考察

　各地区の水稲耕作暦をモノサシにすれば、近世の日本は3つの領域にまとめることができる（図4）。

　九州から関東に至る諸地区は、摂氏10度以上になる日が早いので、その枠内で播種し、十分な用水が得られる梅雨期まで苗代で育て、田植後は長期間本田で育て、暑さが和らぐ9月から霜が降りる前の11月の間に刈りとりをおこなっていた。この日程ならば、自然の循環に順応し、また田植時の冷水と刈りとり時の酷暑による過酷な労働をしなくて済む（図4の類型Ⅰ）。

　北陸は苗代期間がもっとも短い。北陸の平坦地は水が漏れやすい扇状地性地形の所が多いので、3,000mを超える山地から流れ下ってくる大量の雪解け水が得られる5月中旬までに、田植をおこなっていた。これが水稲耕作暦から読みとれる北陸の地域性である。北陸の農民は、冷たい雪解け水を溜めた水田に入って田植する時期までは、厳しい労働をおこなっていた。この日程は田植機を使う今も変わっていない。ただし、北陸は摂氏10度以上の日数が長いので、本田でイネを育てる期間は、日本列島の中でもっとも長い領域のひとつであった（図4の類型Ⅱ）。

　東北は摂氏10度以上になる日が他地区より遅いので、5月初旬

図4　近世水稲耕作暦にもとづく領域類型
A～Sは図3に示す農書類が著作された場所である。

に播種していた。また東北は秋は摂氏10度以下になる日が早く来て、総作付日数が他地区より短いので、苗代期間・本田期間ともに短かい。したがって、東北の農民は梅雨期以前の5月末から6月初旬に雪解け水に浸かって田植し、刈りとりも日中の暑さが残る9月におこなっていた。東北では他の2つの類型領域よりも厳しい自然の循環の下で、水稲作をおこなっていたのである（図4の類型Ⅲ）。

第4節　近世農書類に学ぶ自然と人間との関わり

　近世農書類が記述する水稲耕作暦は、2つの自然条件の枠内で

設定され、田植機が普及する前の20世紀後半まで受け継がれてきた。2つの自然条件の枠のうち、外側の枠はイネが生育する摂氏10度以上の期間、内側の枠は田植時の水事情であった。

　九州から関東に至る領域は、大きい外枠の中で多様な作付期間でイネを作り、梅雨期に田植していた。北陸は外枠が大きいので、イネの作付可能期間は長かったが、水が漏れやすい扇状地性土地条件の制約の下で、5月後半に山地から流下する大量の雪解け水で田植をおこなっていた。東北は外枠が小さいために、梅雨の雨を待たずに、雪解け水を田に入れて田植していた。

　いずれの類型も、人間が自然に順応して、水稲作をおこなっていた。近世農書類が記述する水稲耕作暦は、人間も地球生態系の一員で、「人間が自然に順応する発想」に回帰する視座に戻るべきであることを教えてくれる事例である。

　三河国の『農業日用集』に倣って、5月1日頃に播種、梅雨期の6月中旬に田植して、台風の害を被る年もあろうが、10月後半に晩秋の涼風を浴びながら、完熟した稲株を刈りとる自分の姿を想い描きつつ、筆を置くことにする。

〈註〉
(1) 陶山訥庵（1722）『老農類語』（山田龍雄翻刻、1980、『日本農書全集』32、農山漁村文化協会、20-46頁）。
　　著者未詳（1830-44）『郷鏡』（月川雅夫翻刻、1979、『日本農書全集』11、農山漁村文化協会、87-110頁）。
　　茶屋村宇兵衛他（1840）『九州表虫防方等聞合記』（小西正泰翻刻、1979、『日本農書全集』11、農山漁村文化協会、163-187頁）。
　　名越高朗（1865-71）『耕作萬之覚』（芳即正翻刻、1970、『田植に関する習俗』5、文化庁文化財保護部、324-342頁）。
(2) 土居水也（1629-54）『清良記』（松浦郁郎・徳永光俊翻刻、1980、『日本農書全集』10、農山漁村文化協会、48-54頁）。
　　砂川野水（1723）『農術鑑正記』（三好正喜・徳永光俊翻刻、1980、『日本農書全集』

10、農山漁村文化協会、316-325頁）。

⑶ 有薗正一郎（2012）「近世における早稲作の目的と早稲の作付割合」愛大史学21、146-148頁（『地産地消の歴史地理』第3章、2016、古今書院、51-53頁）。

⑷ 丸屋甚七（1764-72）『家業考』（小都勇二翻刻、1978、『日本農書全集』9、農山漁村文化協会、9-135頁）。

⑸ 大畑才蔵（1688-1704）『地方の聞書』（安藤精一翻刻、1982、『日本農書全集』28、農山漁村文化協会、18-32頁）。
木下清左衛門（1842）『家業伝』（岡光夫翻刻、1978、『日本農書全集』8、農山漁村文化協会、65-82頁）。

⑹ 著者未詳（1681-83）『百姓伝記』（岡光夫翻刻、1979、『日本農書全集』17、農山漁村文化協会、71-156頁）。
鈴木梁満（1805）『農業日用集』（山田久次翻刻、1981、『日本農書全集』23、農山漁村文化協会、257-271頁）。

⑺ 大坪二市（1865）『農具揃』（丸山幸太郎翻刻、1981、『日本農書全集』24、農山漁村文化協会、11-144頁）。

⑻ 加藤寛斎（1866）『菜園温古録』（川俣英一翻刻、1979、『日本農書全集』3、農山漁村文化協会、221-224頁）。
宮負貞雄（1826）『農業要集』（川名登翻刻、1979、『日本農書全集』3、農山漁村文化協会、27-28頁）。

⑼ 土屋又三郎（1707）『耕稼春秋』（堀尾尚志翻刻、1980、『日本農書全集』4、農山漁村文化協会、37-75頁）。
宮永正運（1789）『私家農業談』（広瀬久雄翻刻、1979、『日本農書全集』6、農山漁村文化協会、23-73頁）。

⑽ 佐瀬与次右衛門（1684）『会津農書』（庄司吉之助翻刻、1982、『日本農書全集』19、農山漁村文化協会、18-91頁）。
中村喜時（1776）『耕作噺』（稲見五郎翻刻、1977、『日本農書全集』1、農山漁村文化協会、34-103頁）。
淵澤圓右衛門（1847）『軽邑耕作鈔』（古沢典夫翻刻、1980、『日本農書全集』2、農山漁村文化協会、45-51頁）。

第4章　畑では多毛作をおこなっていた
—三河国渥美郡羽田村浄慈院自作畑の耕作景観—

第1節　『浄慈院日別雑記』について

　多聞山浄慈院は三河国渥美郡羽田村（現在は愛知県豊橋市花田町）字百北にある浄土宗の寺院である。羽田村の集落は台地上に立地し、畑は集落周辺、田は標高差15mほどの急斜面を降りた低地にある。浄慈院は集落内のほぼ中央に立地している（図5）。

　浄慈院には1813（文化10）年～1886（明治19）年に三代の院主が記述した、『豊橋市浄慈院日別雑記』[1]（以後は『浄慈院日別雑記』と記載する）と称される日記があり、その中に寺の自作耕地でおこなった農作業に関わる事柄も記述されている。なお、1873（明治6）年以降の日付は太陽暦日で記載されている。

　『浄慈院日別雑記』の書式は、三代の記述者いずれも同じである。始めにその日の天気を記述し、世間での出来事、知人の生死、祈祷依頼者の目的と謝礼収入額、祠堂金（貸付金）の出入り、寺を出入りする人々とのつきあい、食物が多い贈答品の授受、購買物品と購買先や価格などを記述した後、その日におこなった農作業を記述する場合が多い。下に示す1855（安政2）年5月20日（現行暦7月3日）の記述はその一例である。

　　廿日　曇晴　昼中大夕立雷鳴ル　○東二はん丁大林竹治六才男子疱熱強シ祈廿疋入　○田町権次郎札受来ル　○おちの来ル　盆迄金一分かし　○六郎ノ勝蔵疱七日目見舞ニ行　軽シ菓子一包遣ス　○和平方へ楊梅一重遣ス　○今日は田植也昨日はんけ生（以下略）（註(1)Ⅱ、379–380頁）

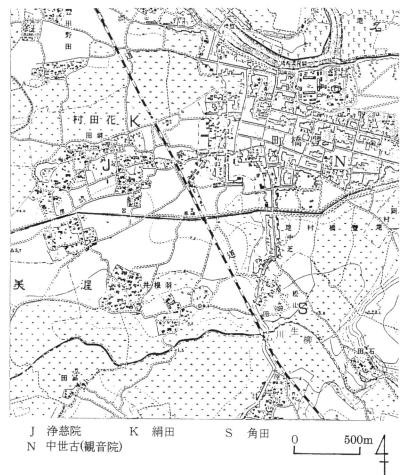

図5　浄慈院の所在地と自作田があった小字の位置
縮尺2万分の1地形図「豊橋」(明治23年測図)を80%に縮小複写し、記号を記入した。

　これは浄慈院院主の関心が寺の運営と世間とのつきあいに注がれ、寺を営む諸手段の中では地位が低い自作地の耕作は、住み込みの下男と不時の雇い人へ任せていたことによると考えられる。
　また、寺から見渡せる範囲を除けば、院主は使用人たちが農作業する姿を見ておらず、使用人たちが報告した作業名を記述して

いるので、実際におこなった作業とは異なる作業名が記述された場合もあると思われる。

　浄慈院には１人の下男と数人の雇い人に耕作させる自作耕地があった。浄慈院現住職の解説文によれば、1851（嘉永４）～1867（慶応３）年の自作耕地の面積は、田が１反歩、畑が１反８畝で、畑にはミカン畑も含まれる（註(1) I、解説１、602-603頁）。

　この章では、浄慈院の自作畑における作物の耕作暦と前後作関係から、浄慈院の自作畑で毎年繰り返されていた耕作景観を記述する。

第２節　浄慈院自作畑の耕作景観

　浄慈院が自作していた畑の所在地は７か所ほどで、所在地の呼称を見る限り、いずれも台地上にある寺の近辺に立地していたようである。その中で、冬季に作物を作付した畑では、夏作物と組み合わせる多毛作がおこなわれていた。

　高温多雨になる日本列島の夏季の気候は、夏作物の生育に好都合であるが、夏季には雑草も旺盛に生育するので、雑草の繁茂を抑えるためにも、夏季に生育する作物の作付は欠かせない。したがって、畑では夏季に少なくとも一作をおこなってきた。

　他方、冬季は雑草がそれほど生えないので、雑草の生育を抑えるために作物を作付する必要はなく、地力の消耗を抑えるためにも、冬季は畑を休ませる使い方もあるが、日本では冬作が一定面積でおこなわれてきたし、浄慈院の自作畑でも冬作がおこわれていた。なぜか。

　それは主な食材であったムギ類とダイコンが秋冬作物だからである。ムギ類は主食材のひとつであり、ダイコンは煮物や漬物など多様な食べ方ができる食材である。また、浄慈院の自作畑では

ナタネも作付されていた。いずれも、冬に雨が降るユーラシア大陸の西岸地域から、夏に雨が降るユーラシア大陸の東側を経て、その東端に位置する日本列島へ持込まれた作物である[2]。これら秋冬作物と雑草抑制の効果も持つ夏作物を1枚の畑で順次作付すると、二毛作か三毛作になる。

次に、主な畑作物6種類の耕作日程を現行暦（グレゴリオ暦）で記述する（図6）。畑では夏季は多彩な作物が作付され、冬季はムギ類とナタネとマメ類が作付されていた。

ムギは11月20日前後に播種、年内に一度草削りし、年が明けた

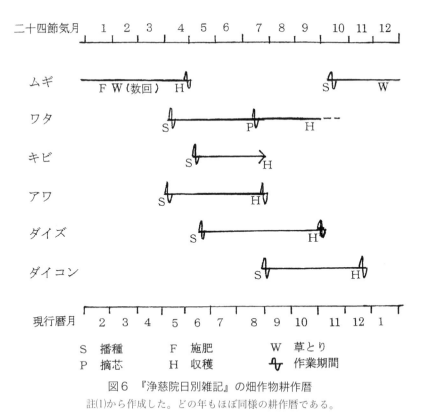

図6　『浄慈院日別雑記』の畑作物耕作暦
註(1)から作成した。どの年もほぼ同様の耕作暦である。

ら、5月末日から6月初旬の刈りとりまでに施肥と土寄せと草と
りを数回おこなった。この日程は19世紀初頭に著作された三河の
農書『農業日用集』(3)のムギ耕作暦（註(3)261-267頁）と一致す
る。コムギはムギより播種が数日早く、刈りとりが2週間ほど遅
かった。

　ワタは5月中頃に播種し、草とりと施肥を数回おこない、8月
後半に株の先端を摘みとり、11月に株を抜いていた。ワタは実の
摘みとり期間が1か月ほどあるが、『浄慈院日別雑記』にはほと
んど記述されていない。『浄慈院日別雑記』にはムギとワタを組
合わせる二毛作は記述されていない。

　キビは6月中旬に播種し、8月末に穂摘みしていた。アワは5
月10〜15日に播種し、8月下旬〜9月初めに穂摘みしていた。い
ずれも数日後に株を引き抜いている。ダイズは6月20日前後に播
種し、11月10日前後に株を引き抜く方式で収穫している。キビと
ダイズはムギと組合わせる二毛作が可能であり、2か所の畑でム
ギ跡に作付していた（表4）。ちなみに、ダイズ（註(1)Ⅰ、124
頁、「大豆植」）とソラマメとエンドウ（同 Ⅰ、93頁、「空豆円豆
植」）の播種作業は、「植る」の表現で記述している。これらのマ
メの粒径がアズキなど小型のマメよりも大きいからであろう。

　ダイコンは8月末〜9月初旬に播種し、草とりと施肥を数回お
こなって、12月の下旬に抜きとっている。ムギとの二毛作はでき
ないので、ダイコンを作付した畑は、次に示す一事例を除いて、
冬季は休ませていたと考えられる。

　七助　大根中麦蒔（生育中のダイコンの条間にムギを蒔く）
1819（文政2）年10月15日（現行暦12月2日）（註(1)Ⅰ、96
頁）

第4章　畑では多毛作をおこなっていた　53

表4　『浄慈院日別雑記』が記述する畑多毛作事例の作業日

畑の所在地	門　前	長全寺前	西屋敷
1854(嘉永7)年		ナタネ　H5/17 ↓ アワ　S5/17	
1855(安政2)年	ムギ　H5/26 ↓ キビ・ゴマ　S6/9 ↓ 葉菜類　S9/15 ↓ ムギ　S11/17,19,20	ナタネ　H5/21 ↓ アワ　S5/24 ダイズ　S6/20	コムギ　H6/11,17 ↓ ダイズ　S6/23 ↓ コムギ 　　　S11/12-16,18
1856(安政3)年	ムギ株抜き　6/13 ↓ ダイズ　S6/16 　　　　H11/8 ↓ ムギ　S11/22,23 ムギ株抜き　6/13 ↓ キビ　S6/23 ↓ ダイコン　S9/1		
1865(慶応1)年	ムギ　H5/23,26 ↓ キビ　S6/20		
1884(明治17)年	ムギ　H5/31,6/2 ↓ キビ　S6/20		

日付はすべて現行暦で表示した。

Sは播種、Hは刈りとり、／の左は月、／の右は日を示す。

網伏せの作物は夏作物である。

　耕作暦を見る限り、ダイコンの前にキビを作付することは可能
で、1856（安政3）年にはその事例がある（表4）。

　『浄慈院日別雑記』は1枚の畑における作物の作付順序につい
ては、ほとんど記述していない。備忘録でもある日記は、記述し

た本人が後から見て記憶を確認するための記録なので、作付した
作物の前後作関係など、記録しておかなくてもわかる情報や、記
録者が関心を持たない事柄は、記述しなかったからであろう。次
の記述は、間作または前後作が明らかにわかる数少ない事例であ
る。

　　権六　せと池南芋掘ル（中略）せと芋ノ跡大うなニ小麦蒔也
　　（サトイモを掘りとったせと池南の畑の高畦にコムギを蒔く）
　　1829（文政12）年11月10日（現行暦12月5日）（註(1) Ⅰ、
　　219頁）
　　藤七　長全前油種跡へ粟蒔（ナタネを刈りとった長全寺前の
　　畑にアワの種を蒔く）　1854（嘉永7）年4月21日（現行暦
　　5月17日）（同 Ⅱ、310頁）

　次に、『浄慈院日別雑記』が記述する畑作物ごとの作業日にも
とづいて耕作暦を作り、1枚の畑で作業日が重ならない畑作物を
組合わせる方法を加えて、浄慈院の自作畑における多毛作の作付
順序を推定してみたい。
　表4は浄慈院が自作していた3か所の畑における1854（嘉永
7）年〜1884（明治17）年の多毛作事例で、いずれも秋冬作物と
網伏せで表示した夏作物の組合わせである。いずれの畑も夏季に
は作物が作付されており、雑草の生育を抑える意図が読みとれ
る。表4に示す年の中で、1854（嘉永7）年〜1856（安政3）年
の間は、大地震や「伊勢おかげ」の札降りなどで騒然とした世相
だったが、大きい気象災害は受けなかったので、それぞれの畑で
は2種類以上の作物から相応の収穫が得られたであろう。
　浄慈院の自作畑の耕作景観は1年の間にどのように巡ったか。

第4章　畑では多毛作をおこなっていた　55

『浄慈院日別雑記』は各畑作物の作付面積を記載していないが、いずれの年も夏季は雑草の生育を抑えるために作物で覆われ、かつ作付された夏作物の種類の多さからみて、多様な作物が並存する耕作景観が展開していたであろう。

　他方、晩秋から初冬にかけては、収穫前のダイコンと芽が出たばかりのムギ類とナタネが自作畑のかなりの部分を占めていたが、ダイコンを12月下旬に収穫してからムギ類を蒔くことはないので、ダイコン跡地は冬の間は休耕したであろう。したがって、冬季は生長がほぼ止まった状態のムギ類とナタネの作付畑と休耕畑が混在して、どの畑も地肌が見える景観が展開していたと考えられる。

　ちなみに、『浄慈院日別雑記』が記載する畑作物名「唐黍」は、収穫後に皮を剥いているので、トウモロコシである。

　　下男　朝九左衛門ヘ唐黍皮取テ持行　皆片付ル　1832（天保
　　3）年8月28日（現行暦9月22日）（註(1)Ⅰ、328頁）

　浄慈院の自作地に作付していた作物名と、寺院境内に植えていた作物名を、ここに記述しておく。
　穀　物　類　ウルチイネ、モチイネ、ムギ、コムギ、アワ、キ
　　　　　　　ビ、ヒエ、トウモロコシ、ソバ
　工芸作物類　ナタネ、ワタ、ゴマ、白ゴマ、チャ、クワ
　イ　モ　類　サトイモ、サツマイモ、エゴイモ、ツクネイモ
　マ　メ　類　ダイズ、チャマメ、黒マメ、アズキ、黒アズキ、
　　　　　　　天小マメ、ササゲ、ツルマメ、インゲンマメ
　葉　菜　類　ナ、カラシナ
　果　菜　類　ウリ、キュウリ、カボチャ、ナス

根　菜　類　ダイコン、カブ、ゴボウ、ショウガ、レンコン、
　　　　　　タケノコ
果　樹　類　柑橘数種類、ブドウ、ビワ、ウメ、ヤマモモ

第3節　おわりに

　記録には事実が記述される。それらを繋げていくと、浄慈院が
自作していた畑では多種類の作物の生育に合わせて主に春から夏
を経て初冬までは働く人々の姿が見えてくる。これらの諸作業を
毎年の巡りにはめ込めば、浄慈院が自作していた畑地の耕作景観
が描き出せる。以下、筆者が『浄慈院日別雑記』から読みとっ
た、浄慈院自作畑の耕作景観を要約する。

　台地上にあった浄慈院周辺の数か所の畑では、多種類の作物が
作付されていた。冬季にはムギとコムギとナタネがかなりの面積
作付され、夏季はアワ・キビ・ダイズ・ワタなど、多種類の作物
が必要な面積分だけ作付されていた。ムギとコムギとナタネを作
付した畑では夏作物との二毛作がおこなわれ、夏〜初冬には多様
な作物が作付されていたので、浄慈院が住み込みの下男と雇い人
を使って自作していた畑では、冬季はムギとコムギにナタネから
なる単調な景観が、夏季は雑草の繁茂を抑える効果も含めた、多
種類の作物が混在する多様な景観が展開していたことが明らかに
なった。

　ちなみに、畑作物の組合わせをモノサシに使って地域性を拾う
作業は、容易ではない。温帯夏雨気候区の日本では、夏季の雑草
の繁茂を抑える効果も含めて、畑地で作物の多毛作をどこでもお
こなってきたからである。地域性を拾える可能性がある視点のひ
とつは、栽培する作物の種類と前後作の組合わせが、栽培地の性
格に順応するか否かの検討であるが、これを明らかにする方法は

第4章　畑では多毛作をおこなっていた　57

緻密な現地調査しかないであろう。この章で事例に採りあげた浄慈院が栽培していた畑作物の種類と組合わせも、西南日本で広くおこなわれていた多毛作事例のひとつであったと位置付けるのが妥当であると、筆者は解釈している。

〈註〉

(1) 渡辺和敏監修（2007-2011）『豊橋市浄慈院日別雑記Ⅰ－Ⅴ』あるむ。

(2) 有薗正一郎（2001）「ナスとダイコンの故郷」（吉越昭久編著『人間活動と環境変化』古今書院、233-240頁）。

(3) 鈴木梁満（1805）『農業日用集』（山田久次翻刻、1981、『日本農書全集』23、農山漁村文化協会、255-286頁）。

第5章 両極端に分かれる商品作物の位置付け

第1節 両極端に分かれる商品作物の栽培と収支

近世における農家の商品作物の栽培と収支は、現金収入を得るために農家ごとにおこなった事例と、支配者が各農家に栽培を強制して利益を収奪した事例の、いずれかである場合が多かった。ここでは、事例をそれぞれひとつ拾って記述する。

第2節 農家の意図で栽培作物を選んで収入の全てを農家が得ていた事例

第4章で記述した三河国渥美郡羽田村の浄慈院は、屋敷の周辺と畑の一部にミカンを植えて、適度な管理をおこない、晩秋から初冬に果実を業者へ立木売りして、毎年一定額の収入を得ていた。1890（明治23）年測図の縮尺2万分の1地形図「豊橋」には、浄慈院の周辺に果樹園の記号が記載されている（図5）。

『浄慈院日別雑記』[1]が記載する立木売りミカンを業者が摘みとった記録の初見は、1817（文化14）年10月22日（現行暦の11月30日）「田町半三郎味柑切ニ来ル」（註(1)Ⅰ、50頁）であり、院主は10月19日（現行暦の11月27日）に業者から代金「銭弐百文」（同 50頁）を受けとっている。業者は24日と25日にもミカンの収穫作業をおこなった。この年以降、浄慈院は業者にミカンを立木売りし、業者は4〜7日かけて収穫作業をおこなっている。

『浄慈院日別雑記』が記載するミカンの植栽地は屋敷・前屋敷・背戸・大背戸の4か所で、ミカンの呼称を「みかん」「味柑」「蜜柑」「小みかん」「橘」「九年母」「唐かん」「唐みかん」「柑子」「ザボン」「金柑」と呼び分けているので、数種類のミカンを植栽

していたようである。

　ミカンの植栽地での諸作業は、現行暦の12〜2月におこなう樹下の敷藁作業から始まり、2月から年末まで数回の施肥、3月から夏期を経て晩秋までの草とり、12月に業者へ立木売りする方式の収穫を挟む果実の摘みとり、初冬の枝剪定まで、1年中あり、下男と雇い人がこれらの作業をおこなっていた。これらの諸作業の中で、もっとも労力を要するのが果実の摘みとり作業なので、立木売り方式の収穫は賢明な選択であった。浄慈院はミカンを立木売り方式で収穫し、収入の全額を所得にしていたのである。浄慈院ではミカンは商品作物であった。

第3節　支配者が農家に栽培を強制して収入を収奪した事例

　薩摩藩領では商品作物であるハゼとサトウキビなどを、農家に耕作を強制して、藩が専売する方式で、農家の収入を収奪していた。薩摩藩領の農民にとって、ハゼとサトウキビなどの商品作物は、労力負担の増加を強制される、迷惑な農作物であった。

　佐藤信淵の『薩藩経緯記』[2]と、伊東祐伴の『感傷雑記』[3]は、薩摩藩が専売作物の栽培と加工を農民に強制していた近世後半の状況を記述する資料である。

　佐藤信淵は、薩摩藩の財政再建の方策を諮問してきた藩の重臣に、『薩藩経緯記』と題する答申文書を、1830（天保1）年に提示した。その内容の大半は、8種類の薩摩藩特産品（甘蔗・鉱産物・海産物・樟・樫・茶・櫨・馬）の生産と加工に関わる技術を解説することであり（註(2)684-700頁）、その前提として正確な国絵図の作製を提案している。商品作物の薩摩藩専売推進派学者の提案文書である。

60

先国土の経緯度分を審かに測て　精密なる国絵図を製べし
　　（中略）天地合体の国絵図を製するときは　領内東西南北の
　　里数町間尺寸迄明細に知らるゝを以て　物産等を興すに殊に
　　要用多し（註(2)679頁）

　他方、伊東祐伴は、薩摩藩専売作物の耕作強制と担当役人の横
暴が、農民に過重な負担を及ぼす社会の歪みを『感傷雑記』に記
述して、世相の荒廃を嘆いている。藩専売作物の耕作強制が農民
の生産活動に支障を及ぼした状況を、伊東祐伴が記述した文章か
ら、1か所引用する。

　　今之百姓之難儀と云は　櫨楮漆を始として　御益筋之煩雑に
　　年中之手隙を費し　農業に力を用る事不叶　女童之余力を頼
　　ミ　兎哉角之作職を致し（中略）生業は出来兼候（註(3)50
　　頁）

　薩摩藩専売作物のうち、蝋燭の原料に使うハゼは、実を摘み
とる時期とイネや夏作雑穀類やサツマイモの収穫期が重なるの
で、農民には迷惑な作物であり、女や子供の手助けを得て、かろ
うじて摘みとり作業をおこなっていたことが、伊東祐伴の文章か
ら窺える。また、南西諸島におけるサトウキビ栽培と黒糖作りが
土地の農民に多大な負担をかけていたことは、原口虎雄[4]の著作
（註(4)113-115頁）など、多数の研究者が記述している。
　栽培と加工を経て商品になる農作物を、支配者が農民に耕作を
強制し、加工の段階でも多大な負担を強いたために、農民たちは
迷惑な労働を課せられていたのである。

第4節　近世の商品作物は特異な性格を持っていた

　この章では、三河国浄慈院のミカン栽培と、薩摩藩領のハゼ栽培を事例にして、商品作物は、片方では戸別段階の農民の現金収入源に、もう片方では専売制度に組み込まれた農民に加重な負担を負わせる源になっていたことを記述した。近世に作られていた商品作物は、特異な性格を持つ農作物だったのである。

　ちなみに、大蔵永常は、祖父と父親から教えられた、ハゼの木の仕立て方と育て方と実の摘みとり方と実から蝋を抽出する方法をはじめとして、商品作物の栽培と加工の技術を『農家益』[5]などの著書に記述して、農家の現金収入源のひとつにすることを企画した。大蔵永常の意図は、戸別段階ではある程度浸透したと、筆者は解釈している。しかし、三河田原藩に雇用されておこなった諸種の殖産興業事業は、ほぼ失敗している。これも商品の作物栽培と加工作業の強制下で実行された事業が失敗した事例のひとつである。近世には、商品作物は下から湧き上がる力で栽培と加工が成就する作物だったようである。

〈註〉

(1) 渡辺和敏監修（2007）『豊橋市浄慈院日別雑記Ⅰ』あるむ、589頁。
(2) 佐藤信淵（1830）『薩藩経緯記』（『佐藤信淵家学全集』中巻、1926、岩波書店、671-704頁）。
(3) 伊東祐伴（1830年代？）『感傷雑記』（秀村選三翻刻、1993、「久留米大学比較文化研究所紀要」14、1-71頁）。
(4) 原口虎雄（1966）『幕末の薩摩』中央公論社（中公新書101）、183頁。
(5) 大蔵永常（1802）『農家益』（『近世歴史資料集成　第Ⅱ期　第Ⅱ巻　日本産業史資料(2)　農業及農産製造』、1989、科学書院、1171頁）。

第6章　地域性を説明する農具

第1節　近世日本では手農具で農耕をおこなっていた

　遅くとも近世以降の日本における農家1戸当り経営耕地面積の平均値は1町歩（1ha、1辺100mの正方形）ほどで、そのうち約6割が水田、4割が畑であった。農民は、田畑の耕作には鍬と鋤の類を使い、農作物の刈りとりと草刈りには鎌を使って、「精労細作」農耕をおこなっていた。そして、これら手農具と称される農具の形と使い方は、全国ほぼ同じであった。近世〜近代の日本の農民は、ほぼ同形の農具を、ほぼ同じ要領で使い、投下した労力に見合う量の農作物を収穫していたのである。したがって、近世日本の農民が使っていた鍬と鋤と鎌から地域の性格を拾うのは、難しい作業である。

　他方、事例数は少ないが、地域の性格に順応して使われていた農具もある。この章では、岐阜県東部で水田の耕起作業に使われていた人力犂と、中部地方の木曽三川河口部の水田で冬季に高畦作りに使われていた鎌と備中鍬について、それらの形と使用法を記述する。

第2節　岐阜県東部で使われていた人力犂

　図7は、筆者が聞きとりと市町村史誌から作成した、近代の岐阜県と愛知県で人力犂を使っていた場所の分布図である。この図から、人力犂は岐阜県東部と愛知県東北端山間部の花崗岩類分布地で使われていたことがわかる。

　人力犂は、踏み鋤と引き鍬を組み合わせたような形をした、無床犂型の耕起具で（図8）、主に水田の耕起に使っていた。図9

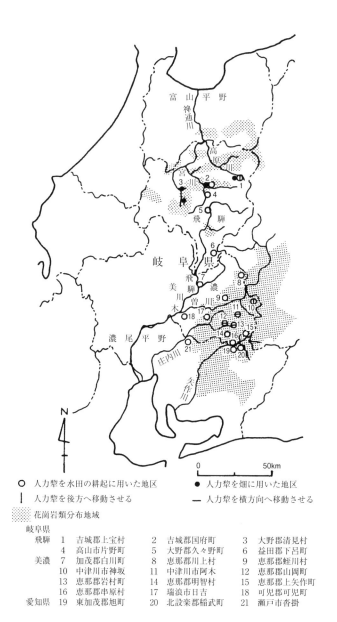

図7　岐阜県東部における明治〜大正期の人力犂の分布
（市郡町村名は平成の大合併以前のものである）

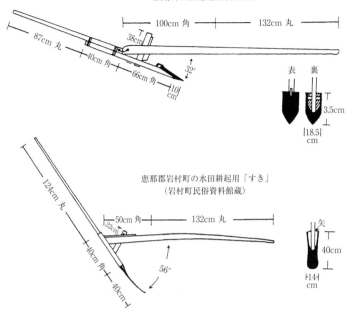

図8 岐阜県山間部の人力犂の2つの形態

は、岐阜県北東端の吉城郡上宝村福地で筆者が操作を体験した、人力犂の操作手順である。

　人力犂は人間2人で操作する。図9の左側に立つ人が犂身を両手で抱え持って、刃先を土に差し込みながら押し、右側に立つ人は練木（犂轅）の先端を両手で持って、押し手と調子を合わせてひと息で引く。この操作を繰り返して、土を起こしていく。刃先に犂べらは付いていないが、犂をやや手前に引き寄せて土を起こせば、土は半ば反転して、砕ける。人力犂の重量は4～5kgで、片手で持ち運べる。人力犂を使う耕起作業は、人力犂3丁一組の6人で、協同作業でおこなう場合が多かった（写真2）。

　この人力犂を岐阜県東北部の飛騨国では「ひっか（引鍬）」、岐

第6章　地域性を説明する農具　65

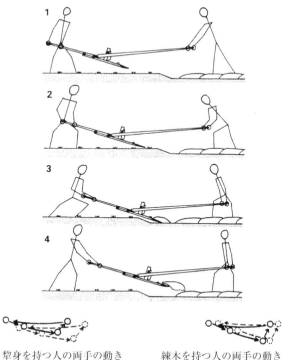

図9 「ひっか」型人力犂を使う耕起の手順
岐阜県吉城郡で水田の耕起に使われていたもの。操作の手順はどの地域もほぼ同様であった。『在来農耕の地域研究』[3]の38頁を転載。

阜県南東部の美濃国では「すき（鋤）」と称していた。

　人力犂を使っていたのは、ほぼ花崗岩類の分布地域であった。花崗岩類は風化の進みが早いので、土壌の母材は常に上流域から供給される。また花崗岩類を母材にする土壌は粒径が大きいので、土は起こしやすく、水田ならば水はけのよい田になる。

　筆者が知る限りで、岐阜県東部で使われていた人力犂に関する

写真2　人力犂による水田の耕起作業
(1986年4月6日　岐阜県吉城郡上宝村福地で筆者撮影)

史料の初見は、貝原益軒の紀行文『岐蘇路記』(1)である。貝原益軒は1685（貞享2）年に江戸から中山道を通って京都へ向かった。その時の紀行文が『岐蘇路記』である。その中で、（現行暦の）4月上旬頃に塩尻から中津川を経て、大田宿（現在の岐阜県瑞浪市）から鵜沼宿（現在の岐阜県各務原市）に至る風景のひとつとして、次の文章を記述している。

　　木曽より大田迄の間の農人　すき一を両人にて取て田をすく　他所にて見ざる事也すきのゑは木の枝のごとし　これ耦耕なるか（註(1)87頁）

　貝原益軒は、この水田での耕起作業を「すく」と記述しており、美濃国恵那郡飯沼村（現在の岐阜県中津川市飯沼）宮地家の1770（明和7）年4月9日（現行暦5月4日）の『作日記』(2)も

第6章　地域性を説明する農具　67

「三柄にて田すき」（註(2)175頁）と記述しているので、美濃国では人力犂を使う耕起作業を「すく」と表現していたようである。

他方、飛騨国では人力犂を使う耕起作業を、文献および聞きとりのいずれも「うつ」と表現している。したがって、飛騨国では鍬を使って田を「うち起こし」ていたが、美濃国から人力犂を使って「すく」耕起法が伝わって普及したものの、耕起作業は今も「うつ」と表現していると考えられる。農耕技術が伝わった経路がわかる事例のひとつである。

ちなみに、飛騨国の「ひっか」と美濃国の「すき」を例とする人力犂は、耕起具の発達過程中のどこに位置付けられるかの筆者の解釈を、図10に表示した。図10の破線枠内の3段目が、飛騨国の「ひっか」と美濃国の「すき」である。人力犂は、断続的な反復運動で耕地の土を起こす鋤と鍬から、連続的な直線運動で耕地の土を起こす犂へ発達する過程の中間に位置付けられる、両者を結びつける「連環」の役割を担う耕起具である。この解釈については、拙著『在来農耕の地域研究』[3]の第4章「耕起具の発達過程における岐阜県の人力犂の位置付け」（註(3)61–74頁）に記述したので、関心を持たれる読者がおられたら、閲覧されたい。

第3節　木曽三川河口部で高畦作りに使った農具

木曽三川河口部の大半は、近世に干拓工事で陸地になった新田で、耕地の大半は水田であった。水田でのイネ栽培には大量の水が必要であるが、稲刈後は田面の水を抜けば、好気性の微生物が増えて、田の肥沃土が増す。しかし、干拓後は土地が自らの重みで沈下して、地表面の標高が下がるので、稲刈後に排水しても地下水位はそれほど下がらず、土地は肥沃にならない。

そこで、木曽三川の河口部で稲作をおこなう農家は、稲刈後に

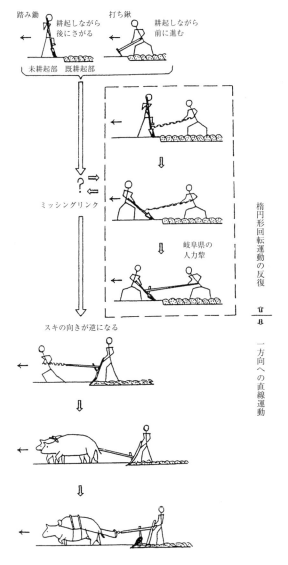

図10　耕起具発達過程中の岐阜県の人力犂の位置付け
　　　図中の←印は耕起しながら進む方向を示す。

第6章　地域性を説明する農具　69

水田に１ｍに近い高さの高畦を作って、翌年の田植直前まで土を乾かし、土地の肥沃度を上げる作業を毎年おこなっていた。干拓地の農民は、この高畦を近世には「くねた」、近代には「たむぎ」と称していた。冬季の高畦作りは重労働だったが、冬季に高畦を作れば田の肥沃度が上がって、夏作物のイネの種実である米の収穫量が増える効果がある。この高畦を作る農具が、大小２種類の鎌と備中鍬であった。

　近世末の尾張国海部郡大宝新田の地主であった長尾重喬は、「くねた」と称する水田高畦を作る手順を、農書『農稼録』[4]に、次のように記述している。

　　くね田といふハ刈田二科を打起し　又左右の一科ヅ、を打累ね　又左右の一科ヅ、を打て其上に累ねあぐるなり　都合六科にて畦一本と成　畦幅凡二尺五寸　溝幅凡三尺五寸（註(4)21頁）

　上記の手順で、高さ70cm、幅80cmほどの高畦を、晩秋から初冬に毎年作ってきた結果、乾土効果によって夏作物のイネの種実である米の収穫量が増えたので、農民たちは高畦作りに励んだようである。

　　近年は此畔田ならでハ米の取実少なしと皆人心にしミて　今ハ村中残なく畔田にする事にぞなりぬる（註(4)24頁）

　しかし、筆者は上記の『農稼録』の記述を読んでも高畦を作る手順を理解することができなかったので、大宝新田で高畦を作った経験のある人に、イネを収穫した後の排水した水田で、高畦作

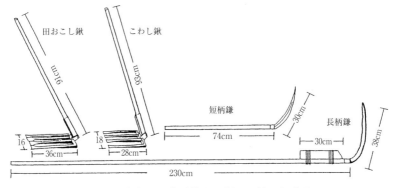

図11　大宝新田で高畦作りと崩しに使った農具

りに使った農具（図11）を用いて高畦を作ってもらい（図12、写真３）、『農稼録』が記述する高畦作りの手順を理解することができた。

高畦作りの手順と、各作業に使った農具を、箇条書き式で記述する。次の文章の番号は、図12と写真３に表示した番号である。

(1) 高畦は12月初旬に乾いた状態の田に作る。長柄鎌（図11）を用いて、刈株２株をはさみ、株の中央よりやや外側に寄せて、僅かに内向きに20cmほどの深さを切って、筋をつける。

(2) 短柄鎌（図11）を用いて、(1)で切った筋の外側の左右を、２株目の株元近くまで矢羽根状の筋を切る。

(3) 田おこし鍬（図11）を用いて、中央の２株を起こし、土を手前に一列に立てながら、前へ進んで行く。

(4) 田おこし鍬（図11）を用いて、短柄鎌で切った部分を畦にまたがる姿勢で後退しながら起こし、しんの両側に立てるように置いていく。

(5) 長柄鎌を用いて、溝の端から未耕起部の両側の15〜20cm幅

第６章　地域性を説明する農具　71

(1)

(2)

(3)

(4)

(5)

(6)

写真3 大宝新田における冬季の水田高畦作り
(1986年11月 愛知県海部郡飛島村で筆者撮影)

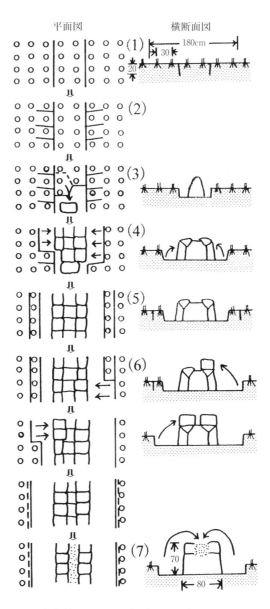

図12 大宝新田における冬季の水田高畦作りの手順

写真4　高畔上での裏作物栽培景観
（1988年3月　愛知県海部郡蟹江町で筆者撮影）

を切る。
(6) 田おこし鍬を用いて、筋を切った部分の左右のいずれかの土を起こして、進みながら畔の上端に置く。田の端まで来たら、片側も同じ作業をおこなう。
(7) 田おこし鍬を用いて、溝の中に残った小土塊を砕いて、畔の中央の窪みに入れる。

以上の作業を繰り返して、成年男子1人で1日に3畝ほどの面積の高畔を作り、裏作物を栽培した（写真4）。

裏作物の収穫後に、こわし鍬（図11）を用いて高畔を崩し、水を入れて田植をおこなった。こわし鍬は田おこし鍬よりも柄と刃の角度がやや大きい。

以上記述したように、冬季水田高畔は3種類の農具を使って、

第6章　地域性を説明する農具　75

毎年作られていた。この手順を知れば、木曽三川河口部に立地するほぼ水田だけの新田村落における耕作技術の一端が読みとれる。

　丹念な現地調査と博物館が収蔵する農具類の検索を繰り返せば、その地域の性格に順応する固有の農具を見出せる可能性はある。この種の農具は、その地域の性格を適確に説明できるであろう。まさに地理学の研究対象である。ただし、モノとその扱い方を知る人が揃っていないと、地域性は拾えない。地域固有の農具などの操作法を知る人はほとんどいなくなっているので、時間に余裕はない。

〈註〉
(1) 貝原益軒（1709）『岐蘇路記』（博文館翻刻（1930）、『紀行文集』（帝国文庫22）、博文館、61-103頁）。
(2) 岐阜県（1969）「明和7年恵那郡飯沼村宮地家作日記抄」『岐阜県史』史料編　近世6、岐阜県、173-187頁。
(3) 有薗正一郎（1997）『在来農耕の地域研究』古今書院、205頁。
(4) 長尾重喬（1859）『農稼録』（岡光夫翻刻、1981、『日本農書全集』23、農山漁村文化協会、3-203頁）。

第7章　人糞尿は肥料の素材になる商品だった

第1節　人糞尿は近世日本の農耕技術の重要な要素の
ひとつだった

近世前期は農耕空間が拡大した時期であった。戦国時代に敵軍との攻防の手段として発達した土木技術が、近世前期に耕地開発に使われたからである。しかし、近世中期には耕地の過開発による土地荒廃が目立つようになる。その事例のひとつが柴草山の耕地開発による土壌侵食である。柴草山は山麓に住む農民が草肥と厩肥の素材と薪を採取する場であったが、柴草山の面積の縮小と土地荒廃による草木資源量の減少で、耕地の肥沃度が下がり、農作物の収穫量が減る悪循環に陥った。

この悪循環から抜け出るために農民がおこなった対応策が、柴草山の保全と、干鰯などの購入肥料と人糞尿を腐熟させた下肥の

表5　1881〜84(明治14〜17)年に浄慈院の下男が人糞尿を汲みに行った先と回数

汲みとり先名	1881年	1882年	1883年	1884年	計	％
松助	29	11	37	57	134	34
西町	16				16	4
中世古（観音院）	35	19	30	23	107	27
重作（重蔵）	20				20	5
餅屋	28	8			36	9
煎豆屋		7	16	34	57	14
腰越		5			5	1
煮〆屋		5			5	1
下駄屋			15		15	4
合計	128	55	98	114	395	100

表6　1881（明治14）年に浄慈院の下男が人糞尿を汲みに行った日

汲取先	松助	西町	中世古（観音院）	重作（重蔵）	餅屋	計	日計
1月			26（大小）29（大小）		27（大小）	3	3
2月			4（小）10（大小）17（小）27（大小）		8（大小）19（大小2度）	7	6
3月	9（大小）13（大小）17（大小）23（大小）	24（大小）	10（大小）16（小）23（大小）31（小）	2（大小）10（大小）18（大小）	1（大小）3（？）17（大小）29（大小）	16	14
4月	8（大小）24（大小）25（小）	9（大小）14（こ）	4（小）7（小）15（こ）27（小）	8（大小）27（小）	10（大小）19（小）	13	11
5月	1（小）8（小）10（大小）17（小）20（小）28（大小）31（大小）	30（大小）	17（大小2度）	30（大小）	2（大小）8（大小）17（小）19（大小）22（大小）28（小）	17	12
6月	10（小）16（小）17（大）24（小）28（小）	8（大小）	7（こ）18（小）19（小）	20（大小）26（大小）29（小）	9（大小）	13	13
7月	3（小）11（大小）18（大小）	5（大小）16（大小）28（大小）	1（小）8（こ）21（大小）	4（大小）17（大小）	3（？）12（大小）	13	12
8月	11（大小）19（大小）24（小）		1（大小）17（こ）18（大小）29（こ）	11（大小）20（大小）	19（大小）	10	8
9月	1（大小）5（大小）13（大小）19（大小）	3（大小）18（大小）	5（こ）21（大小）30（？）	4（大小）28（大小）	2（大）	12	11
10月		12（こ）19（大小2度）28（大小）	13（こ）16（大小）21（小）	3（大）5（小）18（小）	5（小）16（大小）25（大小）	13	11
11月		21（大小）	17（小）		12（小）21（大小）	4	3
12月		5（大小）	13（小）22（小）	2（大小）27（大小）	2（大小）10（大小）	7	6
合計	29	16	35	20	28	128	110

各月の数字は汲みに行った日を示す。

「大」は糞、「小」は尿、「大小」は糞尿、「こ」は「こへ」である。「？」は何を汲んだか読みとれないことを示す。

各月の右端左側の「計」は、その月に汲みとりに行った回数の合計である。

各月の右端右側の「日計」は、その月に汲みとりに行った日の合計である。

5月23日と7月10日は、紙面の虫食いにより、汲みとり先名が不明である。

耕地への施用であった。人糞尿を素材にする肥料の田畑への施用
は、近世から20世紀中頃まで、どこでもおこなわれ、農家が排泄
する量が需要量より少ない場合は、都市居住者から買いとり、腐
熟させて、耕地に施用していた。人糞尿は都市住民が農家へ有料
で提供する商品であった。また、人糞尿などを肥料にして育てた
農産物は、農家から都市住民へ有償で提供されたので、日本国中
の農民と都市住民は、人糞尿と農産物を交換して、助けあう関係
にあった。

　したがって、地域の個性を拾う地理学的視点で、人糞尿の需要
と供給の流れを説明するのは困難である。

　ここでは、三河国渥美郡羽田村浄慈院の『浄慈院日別雑記』[1]
が記述する人糞尿の汲みとり先を事例にして、近代初頭の人糞尿
の需給関係を記述する。

第2節　人糞尿の汲みとり先と下肥を施用した農作物

　浄慈院の下男は、1881（明治14）年～1884（明治17）年の4年
間に、人糞尿を395回汲みに行っている（表5）。汲みとり先9軒
のうち、所在地がわかる観音院は、浄慈院から2kmほど離れた
場所に位置するので（図5のN）、往復で1時間、行先での汲み
とり作業と帰着後に汲んできた人糞尿を肥溜に入れる作業などに
1時間ほど、合計で2時間余りの手間がかかったと思われる。

　『浄慈院日別雑記』の記録者は人糞尿の汲みとりについて記述
する際に、大便（糞）を「大」、小便（尿）を「小」と書き分け
ている（表6）。大便を腐熟させた下肥と小便を腐熟させた下肥
は用途が異なるので、別の肥桶に汲んで持ち帰り、それぞれ別の
肥溜に入れて腐熟させていた。したがって、浄慈院の下男が汲み
とりに行った家の便所の床下には、大便溜と小便溜が据えてあっ

第7章　人糞尿は肥料の素材になる商品だった　79

表7　1881〜84(明治14〜17)年に浄慈院の下男が下肥を施用した作物名と施用日数

作物名	1881年	1882年	1883年	1884年	合計	％
ミカン	7	8	13	4	32	39
ムギ	3	3	4	5	15	18
キビ	1	1	1	1	4	5
ソバ	0	0	1	2	3	4
ワタ	1	1	0	1	3	4
チャ	0	0	1	0	1	1
ナ	2	1	2	1	6	7
ダイコン	1	0	0	2	3	4
ナス	0	0	0	1	1	1
野菜	0	1	0	0	1	1
小もの	1	2	0	5	8	10
不明	2	2	1	0	5	6
合計	18	19	23	22	82	100

表8　1881〜84(明治14〜17)年に浄慈院の下男が下肥を施用した日数

月	1881年	1882年	1883年	1884年	合計	％
1	0	1	0	4	5	6
2	2	0	5	1	8	10
3	3	4	6	3	16	20
4	1	3	3	0	7	9
5	2	1	2	2	7	9
6	1	4	0	2	7	9
7	4	4	2	4	14	17
8	2	1	1	1	5	6
9	0	1	2	2	5	6
10	0	0	1	2	3	4
11	2	0	0	1	3	4
12	1	0	1	0	2	2
合計	18	19	23	22	82	100

たことがわかる。

　『浄慈院日別雑記』には牛馬を飼っていたとの記述がないので、「大小」と記述されている日には、浄慈院の下男は大便と小便を汲み分けて肥桶に入れ、肥桶を天秤棒の前後に掛けて、肩に担いで持ち帰ったのであろう。次の記述は、その例である。

　　（1883（明治16）年1月2日）松助小用一取ル　煎豆屋大半
　　小半取ル（註(1) V、105頁）

　松助家で汲みとった「小用一」は、天秤棒の前後に掛けて担いで帰った肥桶の中身は小便であり、煎豆屋で汲みとった「大半小半」は、天秤棒の前後に掛けた肥桶の中身の片方が大便、もう片方が小便であったことを意味する記述である。

　浄慈院は人糞尿の汲みとり先へどの程度の金額の謝礼を支払っていたか。浄慈院は、1883（明治16）年10月4日に、この年に37回汲みに行った松助家へ、来年分の謝礼として5円を前払いしている（註(1) V、192頁）。1883（明治16）年の名古屋定期米市場での1石当り平均相場は5円90銭であった。当時の都市居住者は1年間に1石ほどの量の米飯を食べていたので、松助家が受けとった5円は、大人1人がほぼ1年中食べられる量の米を買える金額であった。

　『浄慈院日別雑記』には水田へ下肥を施用したとの記述がない。下肥の施用日数が多い畑作物は、商品作物のミカンと、日常食材のムギと、多種類の野菜であり（表7）、3月と7月に施用回数が多い（表8）。ミカン以外は各農作物の生育初期と生長期に施用している。

第7章　人糞尿は肥料の素材になる商品だった　81

第3節　人糞尿から地域性を拾うのは難しい

　以上、浄慈院の下男が人糞尿を汲みとりに行った三河国吉田（現在の愛知県豊橋市市街地北部）の町屋の軒数と、下肥を施用した畑作物について記述した。『浄慈院日別雑記』と同じような内容の記録が他の地域にもあれば、ほぼ同じ状況が復原できるであろう。西村卓[2]が京都の南西郊外に立地する諸村の19世紀後半の人糞尿汲みとり記録を使っておこなった復原作業の成果は、その一例である。しかし、人糞尿は肥料の素材に広く使われていたので、その需給関係を指標にして地域性を説明するのは困難であると筆者は考える。

　この章は、拙著『地産地消の歴史地理』[3]第6章（註(3)97-111頁）の要点を拾って、近世の農耕景観の一事例として記述した。『浄慈院日別雑記』の記録から筆者が作成した人糞尿に関わる諸情報を見たいと思われる読者がおられたら、『地産地消の歴史地理』の第6章を閲覧されたい。また、近世に人糞尿が資源（肥料の素材）として広く使われるようになる経過がわかる史資料名と、研究者諸氏による考察の成果を知りたい読者は、渡辺善次郎著『都市と農村の間―都市近郊農業史論―』[4]を参照されたい。

〈註〉
(1) 渡辺和敏監修（2007-2011）『豊橋市浄慈院日別雑記Ⅰ-Ⅴ』あるむ。
(2) 西村卓（2018）「屎尿を通してみる「農」の風景」（『近代日本の庶民史―ふつうの人々の暮らしと人生を紡ぐ―』第3章、有斐閣、109-158頁）。
(3) 有薗正一郎（2016）『地産地消の歴史地理』古今書院、312頁。
(4) 渡辺善次郎（1983）『都市と農村の間―都市近郊農業史論―』論創社、388頁。

第8章　里山は柴草に覆われた場所だった

第1節　里山の景観

　里山とは、集落に隣接する山の総称である。日本陸軍陸地測量部が19世紀末から20世紀初頭に作成した縮尺5万分の1初版地形図を見ると、集落背後の里山の斜面の中腹から頂部に、「荒地」の記号が記載されている場所がかなりある。

　その一例が1908（明治41）年測図の愛知県北設楽郡上津具村と下津具村であり、両村域内に表示されている8種類の地類のほぼ半分の面積を「荒地」が占めていた（図13）。

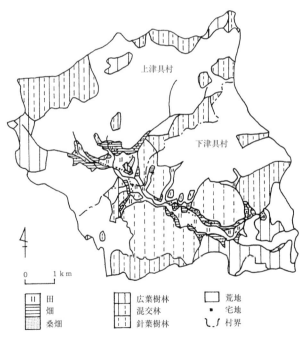

図13　津具盆地の20世紀初頭の地類分布
5万分の1地形図「根羽」「本郷」（明治41年測図）から作成した。

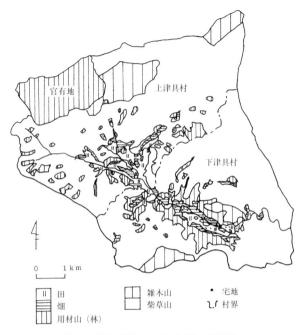

図14　津具盆地の1884年頃の地目分布
明治17年調愛知県北設楽郡上津具村と下津具村の『地籍字分全図』から作成した。

　しかし、1884（明治17）年調の『地籍字分全図』は、縮尺5万分の1地形図が「荒地」と表示する場所の大半を、「柴草山」の地目名で表記している（図14）。
　すなわち、縮尺5万分の1地形図が表示する地類「荒地」は荒廃地ではなく、主に水田の基肥(もとごえ)に使うために刈りとる柴草が自生する草原であった。柴は幼木、草の大半は多年生草本、柴草はそれらの総称である。
　20世紀前半まで水田の生産力の大半は、里山で刈りとった柴草を水田の土に踏み込んで施用する、「刈敷(かりしき)」と称される草木肥で維持されていた。したがって、里山は日本の農耕景観、とりわけ

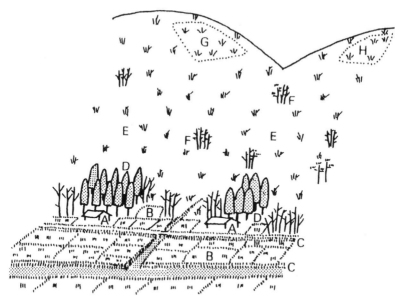

図15 奥三河における近代初頭の景観モデル
A　屋敷　　B　田畑　　C　青草を刈る畦畔　　D　屋敷の背後の私有林
E　柴草を刈る入会山　　F　薪と用材を採る入会の雑木林
G　「ひくさ（干草）」用の草を刈る入会山　　H　屋根葺き用の萱を刈る入会山
土地の古老からの聞きとりにもとづいて作成した。

稲作景観を構成する要素のひとつであった。

　近世の前半は、戦国時代に発達した土木技術を使って耕地の面積が拡大した時期であった。農民は、広がった耕地の生産力を維持するために、里山の斜面の頂部に至るまで樹林地の木を伐採して、柴草が自生する草山にした。

　筆者は、農耕景観と里山の景観との因果関係を、拙著『農耕技術の歴史地理』[1]の「第4章　近代初頭　奥三河の里山の景観」（註(1)55-76頁）と、「第5章　村の資源循環からみた里山の役割」（同 77-89頁）に掲載した。この章では、筆者が作成した里

第8章　里山は柴草に覆われた場所だった　85

山の景観モデル図と村の資源循環模式図を使って、上記2章の要点を記述する。

第2節　奥三河における里山の景観モデル

　図15は、1884（明治17）年作成の地籍図と土地の古老への聞きとりにもとづいて筆者が描いた、奥三河における近代初頭の里山の景観モデル図である。この図は雑木林（陽樹林）の主な樹種である落葉広葉樹が芽吹く前の、3月下旬を想定して描いた。

　里山のうち、田畑屋敷に隣接する場所には私有地が若干あったが、多くは入会地であった。里山のほとんどは、主に落葉広葉樹の幼木である柴と、ススキやカリヤスなど多年生の草を刈りとる場であり、柴草は田の刈敷や畑の堆肥や家畜の飼料や薪炭など、農耕の生産力と村人の暮しを維持する物資の素材であった。

　里山の入会地は19世紀末〜20世紀初頭に所有権が各家に付与されて私有地になったが、利用の内容は20世紀中頃まで変わらなかった。

　里山の植生は、人間による利用と管理、すなわち人間の介入の程度によって、草地と雑木林（落葉広葉樹林）の間のいずれかの段階にあった。また田畑と屋敷の背後の私有地は、建築用材に使う常緑樹が植林されている場合が多かった。

　山の斜面は標高が上がるほど肥沃度が下がるので、山の稜線に近づくほど草山に近い景観であった。また、斜面の途中には、薪と落葉と用材に使う雑木林と松林も点在していた。

　入会山の高い場所には、牛馬の冬期の餌と敷き藁に使う「干草」を採取する草山と、屋根葺きに使う萱を採取する草山があった。ここは春の彼岸頃に焼いて、一定量の草が採取できるように管理されていた。

以上記述したように、近代初頭の里山は、幼木と多年生の草が混在する景観の場所であった。

　近世と近代の間で里山の利用内容は変わっていないので、この景観モデル図は近世まで遡れると、筆者は考えている。そして、この景観は、近代を経て20世紀中頃まで続いた。

第3節　村の資源循環からみた里山の位置付け

　近世の村人は、歩いて日帰りできる領域内で資源をほぼ循環させて、農耕と暮らしを営んでいた。村の資源循環の中で、里山はどのように位置付けられるか。図16を使って筆者の解釈を記述する。なお、ここでいう資源の中には人的資源（労力）を含む。

　近世から20世紀中頃まで、村の中を循環する様々な資源は、村人・田畑・里山・都市住民の間でやりとりされていた。これらのうち、村人と田畑と里山から構成される領域が村である。

　田畑の生産力は村人が施用する多種類の肥料で維持され、村人は田畑から多種類の農作物を得て、暮らしの糧にしていた。ここに村人と田畑間の資源の循環が成立する。村人が田畑に施用する肥料の素材を取得する場は、柴草を刈る場である里山と、下肥の素材になる人糞尿を提供してくれる都市であった。

　田畑に施用した肥料素材のひとつが柴草であり、柴草を採取する場が里山であった。村人は里山にでかけて柴草を刈り、家に持ち帰り、一部は湛水した田に踏み込んで施用した。これが「刈敷」と称された基肥である。次に、柴草をしばらく積み置いて人糞尿などを加えて発酵させた肥料が堆肥である。また、草を牛馬に食べさせ、牛馬が食べない草は踏ませると、牛馬の糞尿と踏み草が家畜小屋の中で発酵する。これを家畜小屋から取り出して積み置き、熟成させたものが厩肥である。さらに、人糞尿を発酵さ

第8章　里山は柴草に覆われた場所だった　87

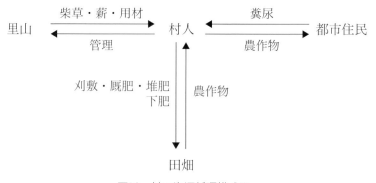

図16　村の資源循環模式図

せた下肥も使っていた。
　田畑の生産力を一定に保つためには、一定量の柴草が必要である。そのためには、必要な量の柴草をつねに採取できるようにしておく必要がある。柴草がもっとも多く取得できるのは、植生の遷移でいえば、多年生草本の草原から幼木生育地までの段階の場所である。したがって、村人は里山の植生につねに介入して、植生の遷移を抑えるか、止めるか、逆行させて、一定量の柴草を採取していた。
　植生に介入するためには、人的資源（労力）を投入せねばならない。里山の草木は自生しているので、村人の行為は「栽培」ではないが、不要な植生を除去して、有用な草木が生育しやすい環境に保っておく「管理」である。村人は人的資源（労力）を投下して、里山を管理し柴草を採取していた。ここに村人と里山間の資源循環が成立する。
　村人の里山の植生への介入の程度が強まれば、里山は草生地に逆行し、弱まれば雑木林に近い状態まで遷移が進む。したがって、里山の植生がどの段階にあるかは、村人による里山の管理の程度で決まっていた。

この章で記述したことは、近世の日本ではどこでも見られた景観である。したがって、里山の利用を指標に使って、地域固有の性格（地域性）を明らかにするのは困難であろう。それでも、里山が近世日本の農耕景観を構成する重要な要素のひとつであったことは説明できた。これがこの章の結論である。

〈註〉

(1) 有薗正一郎（2007）『農耕技術の歴史地理』古今書院、208頁。

あとがき

　この本は、地域の性格に順応した営農技術を記述する農書など
の諸情報の中から、近世の農耕景観を構成する７つの要素を拾っ
て、私がこれまでに明らかにしてきたことを記述した、編纂書で
す。

　しかし、大半の読者は「近世日本の農耕景観は今の日本の農耕
景観とはかなり異なるので、この本が記述する諸事象から近世の
農耕景観をイメージするのは難しい」と思われたのではないで
しょうか。

　そうなんです。近世と今の農耕景観はかなり異なります。この
本に記述した近世の景観と今の景観の相違を対比してみましょ
う。

　第１章　農家屋敷内の各施設の中で、今もあるのは母屋と作業
小屋だけである。

　第２章　大規模な灌漑水路の場合、元栓が閉ざされている冬期
には、水田に湛水することはできない。

　第３章　今は全国で早稲を作り、播種後30日ほどの稚苗を田植
するので、イネの耕作暦は全国ほぼ同じである。

　第４章　畑では近年は冬季の麦作をおこなわず、夏季の除草は
除草剤を使えば済むので、畑で多毛作をする必要はない。

　第５章　今は支配者が商品作物の耕作と加工の強制をすること
はない。

　第６章　動力耕耘機が普及して、地域固有の農具を使わなく
なった。

　第７章　化学肥料施用の普及で人糞尿は廃棄物になった。

91

第8章　化学肥料施用の普及で里山の柴草刈りをおこなわなくなり、20世紀中頃以降は里山にスギやヒノキなどを植樹したので、里山の植生は草生地から樹林地になっている。

　したがって、この本で扱った項目の中で、近世以降変わっていないのは、第5章の前半で記述した、農家が自分の意図でおこなう商品作物生産だけです。

　それでも、地球規模で眺めると、ユーラシア大陸東岸の温帯湿潤夏雨地域に位置する日本では、耕地の単位面積当り生産性（土地生産性）が高い農耕をおこなってきました。これは近世も今も変わりません。近世と今の農耕景観を構成する諸事象を対比すると、大きく変わったようにも見えますが、実際には耕地の単位面積当り生産性がさらに向上していることの一端が、個々の景観に現れているだけであると、私は考えています。

　上記の視点に立って近世に著作された農書類を読めば、それらが著作された時期の農耕景観を適切に理解できるとともに、著しく変わったように見える現在の農耕景観は、近世の農耕景観をどう受け継いでいるかの解釈ができるようになると思います。その解釈の端緒になることを意図して、この本では農耕景観を構成する諸要素の中から7つを選び、それらを組み合わせることで、目に浮かぶ諸景観を記述しました。

　私が脳裏に描いた近世日本の農耕景観の一端を、現行の太陽暦月（グレゴリオ暦）で記述してみます。読者諸兄の農耕景観のイメージ作りに役立てばさいわいです。

　南か南東を向いている農家の屋敷地は、住居と作業場と肥料を作る場である。多様な用具の素材に使うタケは屋敷地周りの三方に植えてあるが、地下茎が屋敷地内に入り込まないように、屋敷

地と竹林の境には溝が掘ってある。竹林の背後は冬の西風を防いでくれる樹林地で、ここは堆肥の素材になる柴や落葉を集める場でもある。次に田と畑を見に行こう。

1月（冬）　冬に裏作物を作る水田の割合は村ごとに異なるが、平均すると4枚のうち3枚は湛水して休耕し、1枚に主食材のひとつであるムギ類や種子から油を搾るナタネなどの裏作物を作る。畑では裏作物の作付地と休耕地が交錯する景色が見渡せる。東北日本の耕地は雪で覆われている。

4月（春）　苗代に使う水田を耕す。畑ではムギ類の穂が出て、ナタネは花盛りである。冬作物の収穫が終わった畑を耕起して、多種類の夏作物の播種を始める。東北日本でも雪が融けたら多種類の夏作物の播種を始める。夏作物栽培は雑草の繁茂を抑える効果もある。

7月（夏）　5月に耕起して6月に田植をおこなった水田で、イネの株が伸び始める。ほぼ全ての畑に播種または移植した多種類の夏作物が生長しつつある。雑草も生えてくるので、夏の間に田畑の草取りを数回おこなう。

10月（秋）　水を抜いた水田で稲刈りをおこない、全ての収穫作業が終わったら4枚のうち3枚の水田は湛水する。夏作物の収穫作業が終わった畑では、ムギ類・ナタネ・ダイコンなどの冬作物作付地の耕起と畦作りと播種作業をおこなう。ダイコンの大半は12月末までに掘りとる。柴草刈りは1年中おこなうが、冬用の柴草を刈る秋は里山に行く回数が多い。

この本が近世の農耕景観に関心を持っておられる読者諸兄が歩まれる道の導標になることを祈念しつつ、筆を置きます。

2018年　芒種

この本の刊行をひきうけていただいた㈱あるむの川角信夫さんと、編集を担当された寺西功一さんに、心からお礼申し上げます。

　この本に掲載した８つの章の中で、第２章のページ数の８割ほどは拙著『地産地消の歴史地理』第２章の再録であるが、それ以外の章は、筆者がこれまでに著作した本や論文類を踏まえて作成した。

さくいん

《事項名・人名・地名》

[ア行]

嵐嘉一（あらしかいち）　12, 35

入会地（いりあいち）　86

岩澤信夫（いわざわのぶお）　36

大蔵永常（おおくらながつね）
　　　　　　　　　　　27, 35, 62

大宝新田（おおだからしんでん）　70

[カ行]

貝原益軒（かいばらえきけん）　67

上宝村（かみたからむら）　65

刈敷　84, 86, 87

くねた　70

[サ行]

雑草抑制　52

佐藤常雄（さとうつねお）　33

里山　83, 86, 87

柴草　84, 86, 87, 88

商品作物　59, 60, 62

人糞尿　77, 79, 82

水稲耕作暦　41, 42, 45, 46

すき　66, 67, 68

[タ行]

長憲次（ちょうけんじ）　12

手農具　63

徳永光俊（とくながみつとし）　31, 34

冬期湛水　13, 15, 19, 34, 36

[ナ行]

苗代日数　42

長尾重喬（ながおしげたか）　70

[ハ行]

ひっか　65, 68

古島敏雄（ふるしまとしお）　25

[マ行]

村の資源循環　86, 87

[ヤ行]

安室知（やすむろさとる）　30

《資料名・史料名・文献名》

[ア行]

会津農書（あいづのうしょ）　4, 6, 17

[カ行]

家業考（かぎょうこう）　26

家政行事（かせいぎょうじ）　23

門田の栄（かどたのさかえ）　27

賀茂郡竹原東ノ村田畠諸耕作仕様帖
（かもぐんたけはらひがしのむらたはた
しょこうさくしようちょう）19, 31

感傷雑記（かんしょうざっき）60, 61

勧農和訓抄（かんのうわくんしょう）
8

岐蘇路記（きそじのき）67

耕稼春秋（こうかしゅんじゅう）
7, 25, 26, 31

耕作大要（こうさくたいよう）19

[サ行]

地方の聞書（じかたのききがき）25

地方凡例録（じかたはんれいろく）
33

諸作手入之事・諸法度慎之事
（しょさくていれのこと・しょはっとつつ
しみのこと）22

浄慈院日別雑記
（じょうじいんにちべつざっき）
27, 49, 55, 57, 59, 79, 81

清良記（せいりょうき）1, 15, 31, 42

[ナ行]

農稼業事（のうかぎょうじ）7

農稼録（のうかろく）29, 70, 71

農家用心集（のうかようじんしゅう）
24

農業家訓記（のうぎょうかくんき）
19

農業順次（のうぎょうじゅんじ）20

農業全書（のうぎょうぜんしょ）
6, 9, 18, 31, 35

農業時の栞（のうぎょうときのしおり）
20

農業日用集（のうぎょうにちようしゅう）
32, 47, 53

農業法（のうぎょうほう）23

農業蒙訓（のうぎょうもうくん）28

農作自得集（のうさくじとくしゅう）
20

農事遺書（のうじいしょ）18

農商務統計表
（のうしょうむとうけいひょう）
13, 20, 24, 28, 31

[ハ行]

百姓伝記（ひゃくしょうでんき）
1, 2, 4, 15, 17, 36

報徳作大益細伝記
（ほうとくさくたいえきさいでんき）23

96

著者紹介

有薗 正一郎 （ありぞの　しょういちろう）

1948年　鹿児島市生まれ
1976年　立命館大学大学院文学研究科博士課程を単位取得退学
1989年　文学博士（立命館大学）
　近世の農耕技術と近世～近代庶民の日常食を尺度にして、地域の性格を明らかにする作業を40年余り続けてきた。
　現在、愛知大学文学部教授（地理学を担当）

主な著書
『近世農書の地理学的研究』（古今書院）
『在来農耕の地域研究』（古今書院）
『ヒガンバナが日本に来た道』（海青社）
『ヒガンバナの履歴書』（あるむ）
『近世東海地域の農耕技術』（岩田書院）
『農耕技術の歴史地理』（古今書院）
『近世庶民の日常食―百姓は米を食べられなかったか―』（海青社）
『喰いもの恨み節』（あるむ）
『薩摩藩領の農民に生活はなかったか』（あるむ）
『地産地消の歴史地理』（古今書院）
『ヒガンバナ探訪録』（あるむ）

翻刻・現代語訳・解題
『農業時の栞』（日本農書全集40、農山漁村文化協会）
『江見農書』（あるむ）

　本書は2018年度愛知大学学術図書出版助成金による刊行図書である。

近世日本の農耕景観

　2018年10月31日　発行

　著者＝有薗正一郎 ©

　発行＝株式会社 あるむ
　　〒460-0012 名古屋市中区千代田3-1-12　第三記念橋ビル
　　Tel. 052-332-0861　Fax. 052-332-0862
　　http://www.arm-p.co.jp　E-mail: arm@a.email.ne.jp

ISBN978-4-86333-149-5 C0039

【有薗正一郎／あるむ既刊書籍紹介】

ヒガンバナ探訪録

■A5判　一一四頁（カラー口絵八頁）　定価（本体一二〇〇円＋税）

秋の彼岸の頃、人里を鮮烈な色に染めるヒガンバナ。縄文晩期に中国の長江下流域から水田稲作農耕文化を構成する要素のひとつとして日本列島へ渡ってきた後、雑草となり二五〇〇年謎に包まれてきた。著者はその特徴を「指標」として再発見し、愛知県豊川流域における自生地調査の成果をもとに、環東シナ海地域のヒガンバナ探訪を続けてきた。本書はこの雑草に魅せられた地理学徒によるヒガンバナ世界への招待である。

薩摩藩領の農民に生活はなかったか

■A5判　八八頁　定価（本体八〇〇円＋税）

近世から近代にかけて薩摩藩領の農民は重い貢租や諸役負担による収奪を受け「生存はあるが生活はなかった」と言われてきた。だが現実には農民はハレの日の諸行事を継承し生きる楽しみに彩られた「生活」を営んでいた。外からの観察と内なる生活の乖離を説明する鍵を、支配側の農書解読と農民側の伝承記録の検証を通して「農民がサツマイモを主食材に組み込んだこと」に見出した地域発掘の書。

江見（えみ）農書　翻刻・現代語訳・解題

■A5判　八二頁　定価（本体七六二円＋税）

美作国江見（岡山県美作市）で営農経験を積み、新知見にも接していた著者が文政七（一八二四）年頃に著した、当時の情報を豊かに含む一次農書。同郷人に向けた地域に根ざす農書であり、山間盆地における有用樹木の植樹要領、農作物の耕作技術、施肥の方法や時期等が細かく記されている貴重な資料である。関連領域の研究者をはじめ好学の方々に翻刻と現代語訳を付して提供する。